mentor Übungsbuch

Mathematik

7./8. Klasse

Terme, einfache Gleichungen und Ungleichungen

Hans Karl Abele

Mit praktischem Lösungsteil zum Heraustrennen

mentor
Eine Klasse besser.

Der Autor: Dipl.-Phys. Hans Karl Abele, Lehrtätigkeit in Mathematik und Physik an verschiedenen Schularten, langjährige Erfahrung als Nachhilfelehrer, Autor von Lehrbüchern und Lernsoftware

Redaktion: Klaus Vogelsang

Illustrationen: Henning Schöttke, Kiel

Umwelthinweis: Gedruckt auf chlorfrei gebleichtem Papier

Layout: Peter Glaubitz, auf der Basis des Layouts von Barbara Slowik, München
Umschlag: büro schels für gestaltung, München

Printed in Austria • ISBN 3-580-63904-8

3. 4. 5. 6. 7. 08 07 06 05 04

Inhaltsverzeichnis

Benutzerhinweise

***Sternchen** Ein paar Aufgaben, die schwieriger als die anderen sind, haben wir mit einem ***Sternchen** versehen. Solltest du diese Aufgaben nicht lösen können, ist das wirklich nicht schlimm!

Anhang Auf Seite 54 findest du die **Zeichen und Abkürzungen**, die du für dieses Übungsbuch brauchst.

Vorwort

Hallo, liebe Schülerin, lieber Schüler,

du sollst eine Mathearbeit über Terme, einfache Gleichungen und Ungleichungen schreiben und möchtest noch ein bisschen trainieren, aber möglichst schnell und ohne viel Theorie?

Dann bist du hier richtig! Denn jetzt geht's besonders easy:

Treffsicher Dieses Buch ist in **24 kleine Lernportionen** gegliedert.
→ So findest du dich besonders schnell zurecht.

Übersichtlich Jede Lernportion umfasst genau eine **Doppelseite**.
→ So hast du immer alles auf einen Blick.

Einleuchtend Jede Doppelseite beginnt mit einer kurzen, klaren **Regel**.
→ So weißt du immer sofort, worauf es ankommt.

Clever Dann geht's ans **Üben** – ganz locker, Schritt für Schritt.
→ So bereitest du dich optimal vor.

Praktisch Der **Lösungsteil** zum Heraustrennen passt seitengetreu dazu.
→ So kontrollierst du blitzschnell – ohne Suchen und Blättern.

Am besten gleich loslegen!

Viel Spaß und ganz viel Erfolg wünscht dir dein mentor Verlag

Noch ein Tipp Du hast noch mehr Nachholbedarf, aber keine Lust auf Nachhilfe? Dann versuch's doch mit den **mentor Lernhilfen**: Schau mal auf die Seite gegenüber!

1 Wiederholung: Rechnen mit rationalen Zahlen

Rationale Zahlen sind Zahlen, die sich durch einen Bruch mit einer ganzen Zahl im Zähler und einer natürlichen Zahl im Nenner darstellen lassen, zum Beispiel:

$-\frac{3}{4} = \frac{-3}{4}$; $-0{,}7 = \frac{-7}{10}$; $0 = \frac{0}{1}$; $0{,}\overline{3} = \frac{1}{3}$; $2 = \frac{2}{1}$; $2\frac{1}{3} = \frac{7}{3}$

Die Menge der rationalen Zahlen wird mit $\mathbb{Q}$ bezeichnet.

Addition und Subtraktion von rationalen Zahlen anhand von Beispielen:

$2 + (+3) = 2 + 3 = 5$
$2 - (-3) = 2 + 3 = 5$
$2 + (-3) = 2 - 3 = -1$
$2 - (+3) = 2 - 3 = -1$

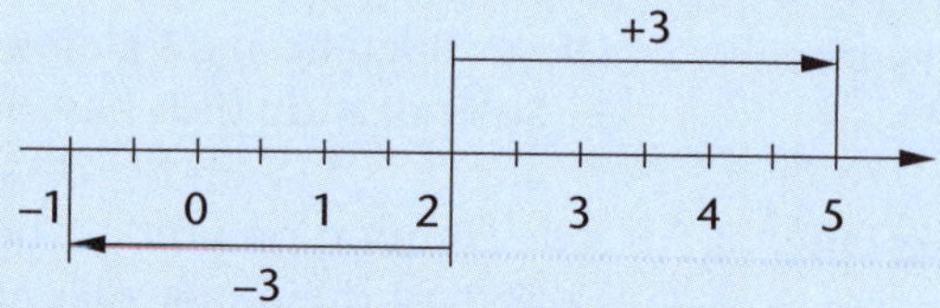

Für die Multiplikation und Division von rationalen Zahlen gilt:

$(+) \cdot (+) = (+)$	$(+) : (+) = (+)$
$(+) \cdot (-) = (-)$	$(+) : (-) = (-)$
$(-) \cdot (+) = (-)$	$(-) : (+) = (-)$
$(-) \cdot (-) = (+)$	$(-) : (-) = (+)$

$a \cdot 0 = 0$; $0 : a = 0$ (falls $a \neq 0$); $a : 0$ ist nicht definiert.

Beispiele

a) $-5 + 10 = 5$

b) $\frac{1}{3} - \frac{1}{2} = \frac{2}{6} - \frac{3}{6} = -\frac{1}{6}$

c) $10 \cdot (-3) = -30$

d) $\frac{1}{2} : \left(-\frac{3}{2}\right) = \frac{1}{2} \cdot \left(-\frac{2}{3}\right) = -\frac{1}{3}$

Übung 1

Addiere und subtrahiere.

a) $-4 + (-10) =$
b) $5 - (-11) =$
c) $8 - (+20) =$
d) $-20 - (-100) =$
e) $0 - (-15) =$
f) $12 + (-22) =$

Übung 2

Go forth and multiply.[1]

a) $-4 \cdot (-10) =$
b) $5 \cdot (-11) =$
c) $8 \cdot (+20) =$
d) $-20 \cdot (-100) =$
e) $0{,}8 \cdot (+1{,}2) =$
f) $-0{,}05 \cdot (-0{,}7) =$

---

[1] „Gehet hin und mehret euch" (englische Bibel)

Übung 3

Bringe zuerst auf gleichen Nenner.

a) $-\frac{1}{5}-\frac{1}{4}=$

b) $\frac{2}{9}-\frac{3}{4}=$

c) $-\frac{1}{8}+\frac{3}{4}=$

d) $1-\frac{8}{7}=$

e) $-1\frac{1}{2}+\frac{1}{3}=$

f) $\frac{1}{3}-0{,}7=$

Übung 4

Zähler mal Zähler durch Nenner mal Nenner.

a) $\frac{1}{3}\cdot\left(-\frac{1}{2}\right)=$

b) $-\frac{2}{3}\cdot\left(-\frac{5}{4}\right)=$

c) $\frac{1}{3}\cdot(-5)=$

d) $-\frac{1}{8}\cdot\frac{4}{3}=$

e) $-\frac{2}{7}\cdot\left(-\frac{7}{2}\right)=$

f) $-\frac{4}{3}\cdot 0=$

Übung 5

Divide et impera.[1]

a) $-4:(-10)=$

b) $5:(-11)=$

c) $8:(+20)=$

d) $-20:(-100)=$

e) $0{,}8:(+1{,}2)=$

f) $-0{,}05:(-0{,}7)=$

Übung 6

Man teilt durch einen Bruch, indem man mit dem Kehrbruch ______________ .

a) $\frac{1}{3}:\left(-\frac{1}{4}\right)=$

b) $-\frac{1}{2}:\left(-\frac{2}{3}\right)=$

c) $-4:\frac{4}{3}=$

d) $-\frac{4}{3}:4=$

e) $1\frac{1}{2}:\left(-\frac{1}{3}\right)=$

f) $1{,}\overline{3}:\left(-\frac{1}{3}\right)=$

Übung 7

Punkt vor Strich, und Klammern zuerst!

a) $-4:(-10+8)=$

b) $5\cdot(-11)+(-5)\cdot 11=$

c) $2+3\cdot(-4)=$

d) $(-5+5)\cdot(-5)=$

e) $(2-3)\cdot(3-2)=$

f) $10:(-2-3)=$

[1] „Teile und herrsche" (Ludwig XI)

2 Was ist ein Term?

Als *Variable* bezeichnet man Buchstaben, die als Platzhalter für Zahlen verwendet werden.

Eine Zahl oder eine Variable ist ein *Term*. Auch eine Summe, eine Differenz, ein Produkt, ein Quotient von Termen ist ein Term.

Zur *Schreibweise von Termen*:

- Malpunkte vor Variablen oder Klammern lässt man meistens weg.
- Nicht weglassen darf man Malpunkte zwischen Zahlen.
- Quotienten schreibt man bevorzugt als Bruchterme, zum Beispiel $\frac{a+b}{c}$ statt $(a+b):c$
- Bei Produkttermen ist es üblich, Zahlen zuerst und Buchstaben in alphabetischer Reihenfolge zu setzen, z. B.: $5 \cdot x \cdot y^2 = 5xy^2$
- Der Faktor 1 wird weggelassen; statt $1a$ schreibt man a.

Beispiele

a) Bei der Formel $V = a \cdot b \cdot c$ ist die rechte Seite ein Term, der aus dem Produkt der Variablen a, b und c besteht. Stattdessen schreibt man auch: $V = abc$

b) Der Term $(a + b) \cdot c$ ist ein Produkt. Der erste Faktor ist die Summe aus a und b, der zweite Faktor ist c.

c) Ein Term soll nach folgender Vorschrift gebildet werden: Von x soll die Summe aus y und z subtrahiert werden.
Der Term heißt: $x - (y + z)$.
Beachte, dass immer dann, wenn mit einer Summe oder Differenz etwas geschieht, diese zunächst in Klammern gesetzt werden muss.

Übung 1

Ist dies ein Term? (ja/nein)

a) $-4 \cdot (-a)$

b) :–)

c) $3x + 1 = 5x - 2$

d) {1; 2; 3}

e) 0

f) $2a - 5b$

Übung 2

Streiche alle überflüssigen Punkte durch.

a) $2 \cdot x \cdot y \cdot z$

b) $5 \cdot a \cdot b : c$

c) $10 \cdot 2 \cdot a$

d) $a \cdot (b \cdot c)$

e) $(a + b) \cdot y \cdot z$

f) $5 \cdot \frac{3}{4} \cdot x \cdot y$

Übung 3

Bilde neue Terme. $T_1 = a + b$; $T_2 = c$

a) $T_3 = T_2 - T_1 =$

b) $T_4 = 10 \cdot T_1 =$

c) $T_5 = T_2 \cdot T_1 =$

d) $T_6 = (T_1 - T_2)^2 =$

Übung 4

Gliedere den Term nach dem Muster von Beispiel b).

a) $2 \cdot (x + 3)$ Der Term ist

b) $(a + b) - (c - 5)$ Der Term ist

c) $x : (y + 1)$ Der Term ist

d) $ab + c$ Der Term ist

Übung 5

Bilde den Term nach der Anweisung.

a) Die Summe aus a und 5 wird mit der Differenz aus a und 5 multipliziert.

Term:

b) Der Term ist das Produkt der Summe aus y und z mit 100.

Term:

c) Der Term ist ein Bruch mit dem Produkt von a und b im Zähler und der Summe von a und b im Nenner.

Term:

Übung 6

Knack den Code! Jeder Platzhalter steht für eine Ziffer im Dezimalsystem. Durch Rechnen und Probieren findest du die Lösung.

○■	−	■	=	○▼
+		−		×
□▲	:	●	=	▲
▲□	−	□	=	▲▼

	−		=	
+		−		×
	:		=	
	−		=	

3 Termwerte berechnen

Bei Termen ohne Variable kann sofort der *Termwert* angegeben werden.
Beispiel: T = 2 – 0,5; T = 1,5
Der Wert eines Terms mit einer Variablen kann bestimmt werden, wenn für die Variable eine Zahl eingesetzt wird. Man sagt: Die Variable wird mit einer Zahl *belegt.*
Beispiel: $T(x) = x^2 + 1$
Die Variable x wird mit der Zahl 3 belegt. Der Termwert ist dann:
$T(3) = 3^2 + 1 = 10$
Oft wird eine Variable mit Zahlen aus einer Grundmenge $\mathbb{G}$ belegt.

Beispiel

$T(x) = x^2 + 1$
Die Variable x soll mit Zahlen aus der Menge $\mathbb{G} = \{-2; -1; 0; 1; 2\}$ belegt und die zugehörigen Termwerte sollen berechnet werden.

x	-2	-1	0	1	2
$T(x) = x^2 + 1$	5	2	1	2	5

Wenn zwei Terme T_1 und T_2 bei jeder möglichen Belegung aus einer Grundmenge $\mathbb{G}$ stets den gleichen Termwert haben, heißen sie *äquivalent* über $\mathbb{G}$. Man schreibt: $T_1 = T_2$

Beispiel

$T_1(a) = (a + 2)^2$; $T_2(a) = (-a - 2)^2$
Sind diese Terme über der Grundmenge $\mathbb{G} = \{-2; -1; 0; 1; 2\}$ äquivalent?

a	-2	-1	0	1	2
$T_1(a) = (a + 2)^2$	0	1	4	9	16
$T_2(a) = (-a - 2)^2$	0	1	4	9	16

Da die Termwerte gleich sind, sind die Terme äquivalent über $\mathbb{G}$.

Übung 1

Äquivalent oder nicht?

a) Berechne die Termwerte. Zur Erinnerung: Betragstriche machen Negatives positiv (z. B. $|-5| = 5$; $|5| = 5$; $|0| = 0$).

x	-1	$-\frac{1}{3}$	0	2	3
$T_1(x) = \|x - 2\|$					
$T_2(x) = \|2 - x\|$					

b) Sind die beiden Terme über der Grundmenge $\mathbb{G} = \{-1; -\frac{1}{3}; 0; 2; 3\}$ äquivalent?

Übung 2

Äquivalent oder nicht?

a) Berechne die Termwerte.

x	-2	-1	0	$\frac{1}{2}$	2
$T_1(x) = (-x)^2$					
$T_2(x) = -x^2$					

b) Sind die beiden Terme über der Grundmenge $\mathbb{G} = \{-2; -1; 0; \frac{1}{2}; 2\}$ äquivalent?

c) Kannst du daraus etwas über die Äquivalenz der beiden Terme über der Grundmenge $\mathbb{G} = \mathbb{Q}$ folgern?

Übung 3

Äquivalent oder nicht?

a) Berechne die Termwerte.

x	-1	0	$\frac{1}{2}$	2	3
$T_1(x) = x^2 - 4$					
$T_2(x) = (x-2)(x+2)$					
$T_3(x) = (x-2)^2$					

b) Sind die beiden Terme über der Grundmenge $\mathbb{G} = \{-1; 0; \frac{1}{2}; 2; 3\}$ äquivalent?

c)* Kannst du daraus etwas über die Äquivalenz der Terme über der Grundmenge $\mathbb{G} = \mathbb{Q}$ folgern?

Übung 4

Für welche Belegung aus $\mathbb{Z} = \{0; 1; -1; 2; -2; \ldots\}$ haben die folgenden Terme einen minimalen (= kleinsten) Termwert? Gib jeweils T_{min} und x an.

a) $T = x^2 + 1$ $T_{min} = 1$ für $x = 0$

b) $T = |x - 1|$ $T_{min} =$ für $x =$

c) $T = x^2 - 4x + 4$ $T_{min} =$ für $x =$

Übung 5

Für welche Belegung aus $\mathbb{Z}$ haben die folgenden Terme einen maximalen (= größten) Termwert? Gib jeweils T_{max} und x an.

a) $T = -x^2 + 1$ $T_{max} =$ für $x =$

b) $T = -2x^2 - 3$ $T_{max} =$ für $x =$

c) $T = -x^2 + 2x + 1$ $T_{max} =$ für $x =$

4 Produkt- und Summenterme vereinfachen

Durch Anwendung der Rechengesetze für rationale Zahlen kann man Terme vereinfachen, das heißt: in einfachere, über $\mathbb{Q}$ äquivalente Terme umwandeln.

Produktterme werden vereinfacht, indem man Faktoren vertauscht und zusammenfasst.

Beispiele

$2 \cdot x \cdot y \cdot 3 \cdot x = 2 \cdot 3 \cdot x \cdot x \cdot y = 6x^2y$

$(-3a)^2 = (-3a) \cdot (-3a) = (-3) \cdot (-3) \cdot a \cdot a = 9a^2$

Terme mit gleichem Variablenprodukt heißen *gleichartig*. Die Zahlenfaktoren heißen *Koeffizienten*.

Summen und Differenzen von gleichartigen Termen fasst man zusammen, indem man ihre Koeffizienten zusammenfasst und das Variablenprodukt beibehält.

Beispiele

Gleichartige Terme sind: $5a$ und $7a$, $3b^2$ und $-2b^2$, $2ab$ und $10ab$.

$5ab + 10ab - 3ab = (5 + 10 - 3)ab = 12ab$

$3b^2 - 7b^2 + 5b^2 = (3 - 7 + 5)b^2 = 1b^2 = b^2$

Nicht zusammenfassen kann man: $3a + 2ab$, $2x + x^2$, $5a + 1$

Übung 1

Fasse in zwei Schritten zusammen.

a) $10 \cdot a \cdot 3 \cdot b =$ ______ = ______

b) $x \cdot 2 \cdot (-3) \cdot y =$ ______ = ______

c) $a \cdot b \cdot (-4a) =$ ______ = ______

d) $x^2 \cdot 5x \cdot (-2) =$ ______ = ______

Übung 2

Vereinfache.

a) $2a \cdot (-3b) =$ ______

b) $p \cdot 11pq =$ ______

c) $-\frac{3}{4}u \cdot \frac{1}{2}v =$ ______

d) $(b \cdot ab) \cdot 8 =$ ______

e) $2x \cdot 5x^2 =$ ______

f) $0{,}5r \cdot (-3rst) =$ ______

Übung 3

Forme so um, dass keine Klammer mehr auftritt.

a) $(3a)^2 =$ ______

b) $(-2x)^2 =$ ______

c) $\left(\frac{1}{3}a\right)^2 =$ ______

d) $(-ab^2)^2 =$ ______

e) $(2ab)^3 =$ ______

f) $(-3x)^3 =$ ______

g) $\left(-\frac{2}{3}x\right)^2 =$ ______

h) $(-3xy)^4 =$ ______

Übung 4

Fasse in zwei Schritten zusammen.

a) $2a - 7a + 5a$ = ______ = ______

b) $ab - ab - 10ab$ = ______ = ______

c) $-4x^2 + 11x^2$ = ______ = ______

d) $2pq - 9pq + pq$ = ______ = ______

Übung 5

Fasse so weit wie möglich zusammen.

11 Äpfel + 5 Birnen + 7 Birnen – 2 Äpfel + 5 Äpfel = ______

Übung 6

Ordne zunächst und fasse dann zusammen.

a) $2a - 3b + 7a + 5a$ = ______ = ______

b) $ab - a - 10ab + 3a$ = ______ = ______

c) $-4x^2 + 11 + x^2 - 5$ = ______ = ______

d) $2pq - 9q^2 + pq - 2q^2$ = ______ = ______

Übung 7

Welche der Terme sind über $\mathbb{Q}$ äquivalent?

$T_1 = \frac{1}{5} a \cdot (-2b)$ = ______

$T_2 = -\frac{1}{5} ab - \frac{1}{5} ab$ = ______

$T_3 = 3u \cdot (-v) \cdot 0$ = ______

$T_4 = 3ab - 4ab + ba$ = ______

$T_5 = -ab + 0{,}6ab$ = ______

$T_6 = xy - 0{,}4ab - yx$ = ______

Übung 8

Vereinfache den Term. Es erleichtert die Übersicht, wenn du bereits verwertete Glieder mit Bleistift unterstreichst oder abhakst.

a) $2ab - 5a + 7ab - b - ab + 3b - 3a + b$ = ______

b) $3x^2 + 4x - 7 - x + 11x^2 - 5x^2 + 9 + x$ = ______

c) $4xy + y + 1 - 10xy - 3y - 5 + 2xy + 3y$ = ______

d) $-a^2 + a + 1 - 3a^2 + 4a^2 + 2a - a - 1$ = ______

e) $x^4 + 3xy^3 - 2x^4 - xy^3 + y^4 + 3x^4 + 3xy^3$ = ______

f) $\frac{1}{4} a - \frac{1}{3} + \frac{1}{3} b + \frac{1}{4} - b + \frac{2}{3} b + \frac{1}{2} a$ = ______

Übung 9

Vereinfache zuerst die Produkte und fasse dann zusammen.

a) $2a \cdot (-b) - 5a \cdot 2b + 7c - ba - c \cdot (-5)$ = ______

b) $(-2x)^2 + 4x + x \cdot (-3) + x^2 \cdot 4 - x - 1$ = ______

c) $a \cdot 3a - 2a + a \cdot (-4) - a^2 - a^2 + a \cdot 2b$ = ______

d) $u - 3v \cdot 2u + u \cdot (-3)^2 - u \cdot (-2v) - u$ = ______

5 Plus- und Minusklammern auflösen

Eine Klammer, vor der ein Pluszeichen oder gar kein Rechenzeichen steht, heißt *Plusklammer.*
Eine Plusklammer kann man ohne weiteres weglassen. Die Rechenzeichen in der Klammer bleiben. Also:

$$a + (b + c) = a + b + c$$
$$a + (b - c) = a + b - c$$
$$(a + b) + c = a + b + c$$
$$(a - b) + c = a - b + c$$

Beispiele

$2a + (3b + 4c - 5d) = 2a + 3b + 4c - 5d$
$(-x + 3y - z) + 2 = -x + 3y - z + 2$

Eine Klammer, vor der ein Minuszeichen steht, heißt *Minusklammer.*
Eine Minusklammer kann man weglassen, wenn man gleichzeitig alle Rechenzeichen in der Klammer umkehrt. Also:

$$a - (b + c) = a - b - c$$
$$a - (b - c) = a - b + c$$

Beispiele

$2a - (3b + 4c - 5d) = 2a - 3b - 4c + 5d$
$-(-x + 3y - z) + 2 = x - 3y + z + 2$

Übung 1

Ergänze die Rechenzeichen.

a) $5 + (2a - 3b + c) - d$ = 5 [+] 2a [-] 3b [+] c [–] d
b) $(5 + 2a - 3b) + c - d$ = 5 [ ] 2a [ ] 3b [ ] c [ ] d
c) $5 + 2a + (-3b + c) - d$ = 5 [ ] 2a [ ] 3b [ ] c [ ] d
d) $(5 + 2a) - 3b + (c - d)$ = 5 [ ] 2a [ ] 3b [ ] c [ ] d

Übung 2

Ergänze die Rechenzeichen.

a) $5 - (2a - 3b + c) - d$ = 5 [ ] 2a [ ] 3b [ ] c [ ] d
b) $-(-5 + 2a - 3b) + c - d$ = 5 [ ] 2a [ ] 3b [ ] c [ ] d
c) $5 + 2a - (-3b + c) - d$ = 5 [ ] 2a [ ] 3b [ ] c [ ] d
d) $(5 + 2a) - 3b - (c - d)$ = 5 [ ] 2a [ ] 3b [ ] c [ ] d

Übung 3

Löse die Klammern auf und fasse gleichartige Terme zusammen.

a) $4a + 3b + (6a - 10b) - (a + b)$ = 9a − 8b
b) $11 - (2x + 3) + (x - 10) - (3 + x) - 1$ = 0
c) $(u - v) - (u + v) + (2v - 3) + (u - v - 3) - u$ = −1u +1v −6

Übung 4

Bilde den Term und vereinfache ihn so weit wie möglich.

a) Zur Differenz aus x und $3y$ wird die Summe aus $2x$ und $5y$ addiert.
$(x - 3y) + (2x + 5y) = 3x + 2y$

b) Von der Summe aus $2a$ und $4b$ wird die Differenz aus a und $5c$ subtrahiert.
=

c) Vom Produkt von $2a$ und b wird die Summe aus $3ab$ und $5b$ subtrahiert.
=

d) Von $10x$ werden die Terme $x + y$ und $x - y$ subtrahiert.
=

e) Ein Dreieck hat den Umfang 4 Ellen (e) plus 5 Fuß (f). Die erste Seite misst $1e + 2f$, die zweite Seite $2e - 1f$. Wie lang ist die dritte Seite?
=

Übung 5

Du kannst so vorgehen: zuerst die inneren Klammern auflösen, dann zusammenfassen, dann die restlichen Klammern auflösen und wieder zusammenfassen.

a) $a - [(b + c) + (b - c) + 2a] =$

b) $[(x + 2y) - (3x - 5y)] - (x + y) =$

c) $1{,}5u - 2v - [2{,}5v + (0{,}5u - 3v)] =$

d) $\frac{2}{3}p + \left[\left(\frac{2}{3} - p\right) - \left(\frac{1}{6} + p\right)\right] - \frac{1}{3}p =$

e) $a - \{a - [a - (a - b) + (b - a)]\} + [a + (b - a)] =$

Übung 6

Bilde den Term und vereinfache ihn.

$T_1 = x^2 + 2x$; $T_2 = 2x - 5$; $T_3 = 3x^2 + 4$

a) $T_1 - T_2 =$
$=$

b) $T_3 - T_1 =$
$=$

c) $T_2 - T_3 =$
$=$

d) $T_1 - (T_2 + T_3) =$
$=$

Übung 7

Welche der Terme sind über $\mathbb{Q}$ äquivalent?

$T_1 = a - b - c =$

$T_2 = a - (c + b) =$

$T_3 = b - (a + c) =$

$T_4 = -c - (b - a) =$

$T_5 = -a + (b - c) =$

$T_6 = -(c + a) + b =$

6 Ausmultiplizieren und Ausklammern

Das Distributivgesetz für rationale Zahlen besagt:

$$a \cdot (b + c) = ab + ac$$

Daraus folgt:

$$a + b \cdot (c - d) = a + bc - bd$$
$$a - b \cdot (c - d) = a - bc + bd$$

Steht bei einer Klammer ein Faktor, so multipliziert man jedes Glied in der Klammer mit diesem Faktor unter Berücksichtigung des Vorzeichens *(Ausmultiplizieren).*

Beispiele

$2a + 5 \cdot (3b + 4c - 5d) =$ $= 2a + 15b + 20c - 25d$	(Glieder in der Klammer mit $+5$ multiplizieren)
$3ax - x \cdot (2b - 3c + 4d) =$ $= 3ax - 2bx + 3cx - 4dx$	(Glieder in der Klammer mit $-x$ multiplizieren)

Die Anwendung des Distributivgesetzes von rechts nach links, also

$$ab + ac = a \cdot (b + c),$$

bezeichnet man als *Ausklammern.*

Beispiele

$-5a - 10b = -5a - 5 \cdot 2b = -5 \cdot (a + 2b)$
Probe durch Ausmultiplizieren: $-5 \cdot (a + 2b) = -5a - 10b$

$4a^2 - a = 4a^2 - 1a = a \cdot (4a - 1)$
Probe durch Ausmultiplizieren: $a \cdot (4a - 1) = 4a^2 - a$

Übung 1

Multipliziere.

a) $3 + 4 \cdot (a - 2b) =$

b) $-2 \cdot (x - 2y + 3z) =$

c) $x + \frac{2}{3} \cdot (y - 6z) =$

d) $p - 1{,}5q \cdot (q - p) =$

e) $a + (b + 2) \cdot c =$

f) $ax \cdot (bx - x^2) =$

g) $1 - u^2 \cdot (-u - 1) =$

h) $34e - 17 \cdot (17 - e^2) =$

i) $\frac{2}{3}c - \frac{2}{7}c^2 \cdot \left(\frac{3}{4}d + 2e\right) =$

j) $0{,}4a - 0{,}5 \cdot (0{,}4b - 4c) =$

k) $m^2 + m^2 \cdot (m^2 + m^3) =$

Übung 2 Löse die Klammern auf und fasse gleichartige Terme zusammen.

a) $4a + 3b + 2 \cdot (6a - 10b) - 3 \cdot (a + b) =$

b) $11 - 4 \cdot (2x - 3) + 3 \cdot (x - 10) - (3 + x) - 1 =$

c) $4x - 5 \cdot (x - 2y) - 3 \cdot (x + 4y) + 3y - (x - y) =$

d) $2 \cdot (u - v) - 3 \cdot (u + v) + (2v - 3) + 2 \cdot (u - v - 3) - u =$

e) $22p + 13q - 2 \cdot (10p + 2q - 4) + 3 \cdot (10 - 12p - q) - 18 - 2q =$

f) $3 \cdot [2a - 1{,}8ab \cdot (a + b^2)] + 0{,}5a \cdot [3b^3 + (2{,}4ab - 1)] =$

Übung 3 Beachte: $(a + b) : c = a : c + b : c$

a) $(10a + 20b) : 10 =$

b) $(3x - 6y + 12z) : 3 =$

c) $(-30u + 6v - 12w) : (-6) =$

d) $(3p - 6p^2 + 12p^3) : (3p) =$

e) $(-a - b + c) : (-1) =$

f) $(m + 2n - 3p) : \frac{1}{2} =$

Übung 4 Vereinfache so weit wie möglich.

a) $5 \cdot (2a + 3b) - 7 \cdot (3a - 1) - (a - b) + (10a + 8b) : 2 + a \cdot (10 - 4) - 11b + 3a =$
$=$

b) $(x + y) \cdot 10 - 4 \cdot (x - 2) + (3x - 2y) - 8 + 3 \cdot (x - y) - (5x - y) + 17 \cdot (x - x) - 1 \cdot (y + 7) =$
$=$

c) $\frac{1}{2} \cdot (2u + v) - \frac{1}{3} \cdot (u - 3v) + (u + v) : 3 - (2u + v)\left(-\frac{1}{6}\right) + \frac{1}{2} \cdot (u - 3v) =$

$=$

d) $0{,}5 \cdot (p + 2q) - 1{,}5 \cdot (p - 3q) + (-p - q) \cdot 0{,}2 - 1{,}4 + 0{,}3q + 0{,}6 \cdot (q - 3) - 0{,}1 \cdot (3p - 5q) =$
$=$

e) $a \cdot (x + 2a) - x \cdot (a - x) + 2 \cdot (ax - x^2) + 2a \cdot (3x - a) + a^2 - x^2 =$
$=$

Übung 5 Vorwärts – rückwärts.

Klammere aus wie angegeben und mache die Probe durch Ausmultiplizieren, ohne auf die Angabe zu schielen.

a) $2ab + 3ac = a \cdot (\qquad) =$

b) $10a - 5 = 5 \cdot (\qquad) =$

c) $-x + x^2 = -x \cdot (\qquad) =$

d) $\frac{1}{2}x^2 - \frac{3}{2}y = \frac{1}{2} \cdot (\qquad) =$

e) $u^2 + u^3 = u^2 \cdot (\qquad) =$

7 Vermischte Aufgaben I

Übung 1 Äquivalent oder nicht?

a) Berechne die Termwerte.

x	-2	-1	0	$\frac{1}{2}$	1
$T_1(x) = 2x^3$					
$T_2(x) = (2x)^3$					
$T_3(x) = 8x^3$					

b) Sind die Terme über der Grundmenge $\mathbb{G} = \{-2; -1; 0; \frac{1}{2}; 1\}$ äquivalent?

c) Sind die Terme über der Grundmenge $\mathbb{G} = \mathbb{Q}$ äquivalent?

Übung 2 Bilde den Term und vereinfache ihn, falls möglich.

a) Der Term ist die Differenz aus der Summe von a und b und der Differenz von a und b.

=

b) Der Term ist das Dreifache der Differenz von a und b, vermindert um die Summe von a und b.

=

c) Der Term ist das Produkt der drei kleinsten Primzahlen.

=

d) Vom Produkt der fünf kleinsten natürlichen Zahlen wird die Summe dieser Zahlen subtrahiert.

=

e) Der Term ist die dritte Potenz von $-2a$.

=

f) Der Term ist ein Quotient. Der Dividend ist die Summe aus $10x$ und $10y$, der Divisor ist 5.

=

g) Der Term ist das arithmetische Mittel (die halbe Summe) von u und v.

=

Ein Mathematiker-Witz

Von CNN wurde die Entdeckung einer neuen Primzahl gemeldet. Sie sei viermal so groß wie die zuletzt entdeckte Primzahl.

Übung 3

Schreibe ohne Klammern und fasse zusammen, wo möglich.

a) $-4 \cdot (a + b)$ =

b) $(6 - x)(-x)$ =

c) $(1 + a) \cdot 4 + 2 - a$ =

d) $(12x - 5y) \cdot 3 - 15y + 36x$ =

e) $3 \cdot (ab - 2xy) + 9ab - 4xy$ =

f) $-2 \cdot (3pq - 4rs)$ =

Übung 4

Bilde den Term und vereinfache ihn.

$T_1 = -a^2 + 2a;\quad T_2 = a - 5;\quad T_3 = 3a$

a) $\frac{1}{2} T_1$ =
=

b) $2 \cdot (T_3 - T_1)$ =
=

c) $T_2 \cdot T_3$ =
=

d) $T_1 - 3 \cdot (T_2 + T_3)$ =
=

e) $T_3 - (T_2 - T_1)$ =
=

Übung 5

Klammere so viel wie möglich aus.

a) $ax - 2bx$ = $x(a - 2b)$

b) $13u - 26uv$ = $13u(1 - 2v)$

c) $-11ab - 22bc$ = $-11b(1a - 2c)$

d) $a^2 + a - ab$ = $a(a + 1 - 1b)$

e) $\frac{1}{7}x - \frac{5}{7}xy + \frac{3}{7}x^2$ =

f) $a^4 + a^2 + 2ab$ =

Übung 6

Multipliziere aus und beachte dabei: $a^m \cdot a^n = a^{m+n}$

a) $5xy \cdot (4x^2 - 3yz)$ =

b) $7a^2b^3 \cdot (ab^2 + 2a^2c - 5b^2c^2)$ =

c) $(2k^3l - 7m^2) \cdot 3kl^2m$ =

d) $-2p^2q^3 \cdot (5p^3 - 8q^2)$ =

e) $3a^2c \cdot (a + 2b)$ =

8 Mengen

Diese *Zahlenmengen* solltest du kennen:
Menge der natürlichen Zahlen: $\mathbb{N} = \{1; 2; 3; \ldots\}$
Menge der ganzen Zahlen: $\mathbb{Z} = \{0; 1; -1; 2; -2; \ldots\}$
Menge der rationalen Zahlen: $\mathbb{Q} = \left\{x \mid x = \frac{p}{q};\ p \in \mathbb{Z};\ q \in \mathbb{N}\right\}$
Daneben werden noch folgende Bezeichnungen verwendet:
$\mathbb{N}_0 = \{0; 1; 2; 3; \ldots\}$
$\mathbb{Q}^+$: Menge der positiven rationalen Zahlen
$\mathbb{Q}_0^+$: Menge der nichtnegativen rationalen Zahlen (mit 0)
$\mathbb{Q}^-$: Menge der negativen rationalen Zahlen
$\mathbb{Q}_0^-$: Menge der nichtpositiven rationalen Zahlen (mit 0)
Für andere zusammenhängende Teilmengen von $\mathbb{Q}$ gibt es zwei verschiedene Schreibweisen, z. B.:

Beschreibende Form:	Intervallschreibweise:
$\{x \mid 2 \leq x \leq 4\}$	$[2; 4]$
$\{x \mid 2 < x < 4\}$	$]2; 4[$
$\{x \mid x > 2\}$	$]2; +\infty[$
$\{x \mid x \leq 2\}$	$]-\infty; 2]$

Die Intervall-Klammern kann man auch verwenden, um ein Intervall auf der Zahlengeraden darzustellen, z. B. $[2; 4[$:

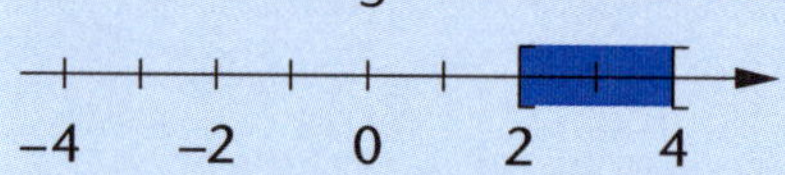

Verknüpfungen von zwei Mengen:
$A \cup B$: Vereinigungsmenge von A und B; enthält alle Elemente, die in A *oder auch* in B enthalten sind.
$A \cap B$: Schnittmenge von A und B; enthält alle Elemente, die *sowohl* in A *als auch* in B enthalten sind.
$A \setminus B$: Restmenge „*A ohne B*"; enthält die Elemente von A, ausgenommen Elemente von B.

Beispiele

$A = \{1; 2; 3\}$; $B = \{3; 4; 5\}$ $\quad A \cap B = \{3\}$
$A \cup B = \{1; 2; 3; 4; 5\}$ $\quad A \setminus B = \{1; 2\}$

Übung 1

Ist die Zahl Element der Menge oder nicht? Streiche das Element-Zeichen (∈) durch, wo es nicht stimmt.

a) $-1 \in \mathbb{N}$; $\quad -1 \in \mathbb{Z}$; $\quad -1 \in \mathbb{Q}$; $\quad -1 \in \mathbb{Q}_0^-$
b) $\frac{1}{3} \in \mathbb{N}$; $\quad \frac{1}{3} \in \mathbb{Z}$; $\quad \frac{1}{3} \in \mathbb{Q}$; $\quad \frac{1}{3} \in \mathbb{Q}_0^-$
c) $0 \in \mathbb{N}$; $\quad 0 \in \mathbb{Z}$; $\quad 0 \in \mathbb{Q}$; $\quad 0 \in \mathbb{Q}_0^-$
d) $1{,}5 \in \mathbb{N}$; $\quad 1{,}5 \in \mathbb{Z}$; $\quad 1{,}5 \in \mathbb{Q}$; $\quad 1{,}5 \in \mathbb{Q}_0^-$

Übung 2

Teilmenge oder nicht? Streiche das Teilmenge-Zeichen ($\subseteq$) durch, wo es nicht stimmt.

a) $\{-1; 1\} \subseteq \mathbb{N}_0$;	$\{-1; 1\} \subseteq \mathbb{Z}$;	$\{-1; 1\} \subseteq \mathbb{Q}$;	$\{-1; 1\} \subseteq \mathbb{Q}^+$
b) $\{0; 2\} \subseteq \mathbb{N}_0$;	$\{0; 2\} \subseteq \mathbb{Z}$;	$\{0; 2\} \subseteq \mathbb{Q}$;	$\{0; 2\} \subseteq \mathbb{Q}^+$
c) $\left\{\frac{1}{3}; \frac{1}{2}\right\} \subseteq \mathbb{N}_0$;	$\left\{\frac{1}{3}; \frac{1}{2}\right\} \subseteq \mathbb{Z}$;	$\left\{\frac{1}{3}; \frac{1}{2}\right\} \subseteq \mathbb{Q}$;	$\left\{\frac{1}{3}; \frac{1}{2}\right\} \subseteq \mathbb{Q}^+$
d) $\mathbb{N} \subseteq \mathbb{N}_0$;	$\mathbb{N} \subseteq \mathbb{Z}$;	$\mathbb{N} \subseteq \mathbb{Q}$;	$\mathbb{N} \subseteq \mathbb{Q}^+$
e) $\mathbb{Z} \subseteq \mathbb{N}_0$;	$\mathbb{Z} \subseteq \mathbb{Z}$;	$\mathbb{Z} \subseteq \mathbb{Q}$;	$\mathbb{Z} \subseteq \mathbb{Q}^+$
f) $[-3; 0] \subseteq \mathbb{N}_0$;	$[-3; 0] \subseteq \mathbb{Z}$;	$[-3; 0] \subseteq \mathbb{Q}$;	$[-3; 0] \subseteq \mathbb{Q}^+$

Übung 3

Bilde die Vereinigungsmenge, Schnittmenge und Restmenge.

a) $A = \{2; 4; 6; 8\}$; $B = \{7; 8; 9\}$

$A \cup B =$

$A \cap B =$ $\quad$ $A \setminus B =$

b) $A = \{-10; -9; -8; \ldots; 0\}$; $B = \{-10; -8; -6; \ldots; 0\}$

$A \cup B =$

$A \cap B =$ $\quad$ $A \setminus B =$

c) $A = \{1; 3; 5\}$; $B = \{7; 8; 9\}$

$A \cup B =$

$A \cap B =$ $\quad$ $A \setminus B =$

Übung 4

Schreibe als Intervall.

a) $\{x \mid -1 \leq x \leq 1\} =$

b) $\{x \mid -2 < x < 4\} =$

c) $\{x \mid x \geq 5\} =$

d) $\{x \mid x < -2\} =$

Übung 5

Trage die Intervalle auf der Zahlengeraden ein und gib Schnittmenge und Vereinigungsmenge an.

a) $A =]-1; 3[$ $\quad$ $B = [2; 4]$

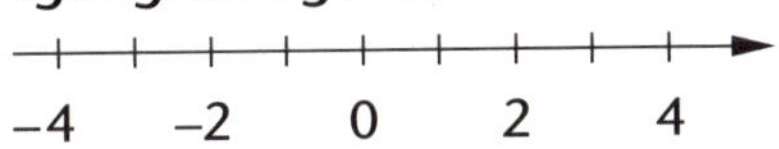

$A \cap B =$ $\quad$ $A \cup B =$

b) $A =]-\infty; -1]$ $\quad$ $B = [-2; +\infty[$

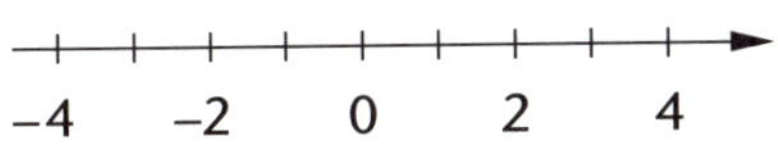

$A \cap B =$ $\quad$ $A \cup B =$

c) $A =]-3; -2]$ $\quad$ $B = [2; 3[$

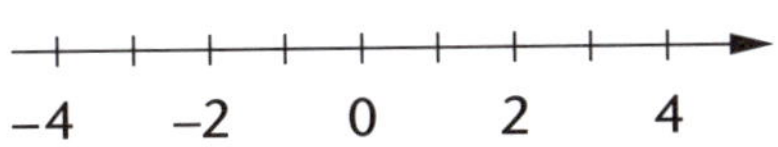

$A \cap B =$ $\quad$ $A \cup B =$

Mathematiker-Witz

Ein zerstreuter Mathematiker will im Fotoladen Bilder bestellen. Fragt ihn die Verkäuferin: „9 mal 13?" Er antwortet: „117, wieso?"

9 Grundmenge und Lösungsmenge

- Du kennst bereits Gleichungen (mit =) und Ungleichungen (mit $<$, $\leqq$, $>$ oder $\geqq$). Der Oberbegriff, der Gleichungen und Ungleichungen einschließt, heißt *Aussageform*.
- Zu jeder Aussageform gehört eine *Grundmenge* $\mathbb{G}$, aus der die Belegung für die Variable (meistens x) kommen soll.
- Belegt man die Variable einer Aussageform mit einer Zahl aus der Grundmenge, so erhält man entweder eine wahre Aussage (w) oder eine falsche Aussage (f). Eine Belegung, die zu einer wahren Aussage führt, heißt *Lösung* der Aussageform. Die Lösungen fasst man in der *Lösungsmenge* $\mathbb{L}$ zusammen. *Die Lösungsmenge ist Teilmenge der Grundmenge.*

Beispiel 1

$x + 5 = 10$; $\mathbb{G} = \{1; 2; 3; \ldots; 10\}$
Setzt man 4 ein, so erhält man:
$9 = 10$ (f)
4 ist keine Lösung.
Setzt man 5 ein, so erhält man:
$10 = 10$ (w)
5 ist eine Lösung der Gleichung, und zwar die einzige.
Die Lösungsmenge ist: $\mathbb{L} = \{5\}$

Beispiel 2

$x + 5 < 10$; $\mathbb{G} = \{1; 2; 3; \ldots; 10\}$
Durch Probieren findet man: Die Zahlen 1, 2, 3 und 4 aus $\mathbb{G}$ sind Lösungen. Man sagt: Sie erfüllen die Ungleichung.
Die Lösungsmenge ist: $\mathbb{L} = \{1; 2; 3; 4\}$

- Erfüllen alle Zahlen aus $\mathbb{G}$ die Aussageform, so ist die Lösungsmenge gleich der Grundmenge.
- Erfüllt keine Zahl aus $\mathbb{G}$ die Aussageform, so ist die Lösungsmenge leer: $\mathbb{L} = \{\,\}$
- Ist keine Grundmenge angegeben, so gilt: $\mathbb{G} = \mathbb{Q}$

Beispiel 3

$x + 5 = 3$; $\mathbb{G} = \mathbb{N}$
Keine Zahl aus der Grundmenge erfüllt diese Gleichung, also:
$\mathbb{L} = \{\,\}$

Beispiel 4

$2x = 2x$
Es ist keine Grundmenge angegeben, also $\mathbb{G} = \mathbb{Q}$. Jede Zahl aus $\mathbb{G}$ erfüllt diese Gleichung, also: $\mathbb{L} = \mathbb{G} = \mathbb{Q}$

Übung 1

Löse die Ungleichung durch Probieren und gib die Lösungsmenge an. $\mathbb{G} = \{1; 2; 3; \dots; 10\}$

a) $x + 1 \geqq 4$ $\quad\mathbb{L} =$

b) $2x > 15$ $\quad\mathbb{L} =$

c) $x - 1 < -5$ $\quad\mathbb{L} =$

d) $10 - x \leqq 5$ $\quad\mathbb{L} =$

e) $|x| < 2$ $\quad\mathbb{L} =$

Übung 2

Löse die Gleichung durch Probieren und gib die Lösungsmenge an. $\mathbb{G} = \mathbb{N}$

a) $2x = 20$ $\quad\mathbb{L} =$

b) $2x = 15$ $\quad\mathbb{L} =$

c) $x + 3 = 7$ $\quad\mathbb{L} =$

d) $x + 3 = 3 + x$ $\quad\mathbb{L} =$

e) $x + 10 = 5$ $\quad\mathbb{L} =$

Übung 3

Löse die Ungleichung durch Probieren und gib die Lösungsmenge an. $\mathbb{G} = \mathbb{Z}$

a) $x + 2 > 10$ $\quad\mathbb{L} =$

b) $2x \leqq 0$ $\quad\mathbb{L} =$

c) $-x > x$ $\quad\mathbb{L} =$

d) $x + 1 > x - 1$ $\quad\mathbb{L} =$

e) $x - 2 < 0$ $\quad\mathbb{L} =$

Übung 4

Löse die Gleichung durch Probieren und gib die Lösungsmenge an. $\mathbb{G} = \mathbb{Q}$

a) $x + 1 = 7{,}5$ $\quad\mathbb{L} =$

b) $3x = 1$ $\quad\mathbb{L} =$

c) $0 \cdot x = 0$ $\quad\mathbb{L} =$

d) $-x = x$ $\quad\mathbb{L} =$

Übung 5

Löse die Ungleichung durch Probieren und gib die Lösungsmenge, falls möglich, in beschreibender Form und als Intervall an. $\mathbb{G} = \mathbb{Q}$

a) $2x \geqq 10$ $\quad\mathbb{L} = \qquad =$

b) $x + 1 < 7$ $\quad\mathbb{L} = \qquad =$

c) $x + 1 < x - 1$ $\quad\mathbb{L} = \qquad =$

d) $2x > 1$ $\quad\mathbb{L} = \qquad =$

e) $4 \leqq 2x \leqq 8$ $\quad\mathbb{L} = \qquad =$

10 Äquivalenzumformungen bei Gleichungen

Eine *Äquivalenzumformung* ist eine Umformung, bei der die Lösungsmenge einer Gleichung oder Ungleichung gleich bleibt.

Äquivalenzumformungen bei Gleichungen sind:

- die Addition/Subtraktion desselben Terms auf beiden Seiten
- die Multiplikation beider Seiten mit demselben Term ($\neq 0$)
- die Division beider Seiten durch denselben Term ($\neq 0$)
- das Vertauschen der Seiten.

Man vereinfacht eine Gleichung schrittweise durch Äquivalenzumformungen, bis man am Schluss erhält: $x =$ (die Lösung).

Es ist sinnvoll, die nächste Äquivalenzumformung rechts neben einem senkrechten Strich anzukündigen. Diese Ankündigung ist nicht Teil der Gleichung.

Beispiele

a) $x - 5 = 10$

Man möchte x auf der linken Seite isolieren. Dazu addiert man 5 auf beiden Seiten der Gleichung. Zuerst kündigt man dies an:

$$x - 5 = 10 \quad | + 5$$

Ausführlich geschrieben erhält man:

$$x - 5 + 5 = 10 + 5 \quad \text{oder:}$$
$$x = 10 + 5$$

Der Term -5 ist also mit anderem Vorzeichen auf die andere Seite der Gleichung gebracht worden.

Man erhält: $x = 15 \quad \Rightarrow \quad \mathbb{L} = \{15\}$

b) $3 = x + 5$

Durch „-5“ möchte man x auf der rechten Seite isolieren.

$$3 = x + 5 \quad | - 5$$
$$3 - 5 = x$$
$$-2 = x \quad | \text{ Seiten vertauschen}$$
$$x = -2 \quad \Rightarrow \quad \mathbb{L} = \{-2\}$$

c) $10x = -30$

Man möchte x auf der linken Seite isolieren. Um den Faktor 10 zu beseitigen, hilft kein Addieren oder Subtrahieren. Man muss die Gleichung durch 10 dividieren.

$$10x = -30 \quad | : 10$$
$$10x : 10 = -30 : 10$$
$$x = -3 \quad \Rightarrow \quad \mathbb{L} = \{-3\}$$

d) $\frac{1}{2}x = -4{,}5$

Man könnte durch $\frac{1}{2}$ dividieren oder – einfacher – mit 2 multiplizieren:

$\frac{1}{2}x = -4{,}5 \quad | \cdot 2$

$x = -9 \quad \Rightarrow \quad \mathbb{L} = \{-9\}$

Übung 1 Löse mit einer Äquivalenzumformung.

a) $x - 12 = 18 \quad |$ ______
$x =$ ______ $\Rightarrow \mathbb{L} = \{$ ______ $\}$

b) $x + 7 = -3 \quad |$ ______
$x =$ ______ $\Rightarrow \mathbb{L} = \{$ ______ $\}$

c) $x - 4 = -2 \quad |$ ______
$x =$ ______ $\Rightarrow \mathbb{L} = \{$ ______ $\}$

d) $x + 4 = 0 \quad |$ ______
$x =$ ______ $\Rightarrow \mathbb{L} = \{$ ______ $\}$

e) $5 + x = 13 \quad |$ ______
$x =$ ______ $\Rightarrow \mathbb{L} = \{$ ______ $\}$

f) $x - 2 = -2 \quad |$ ______
$x =$ ______ $\Rightarrow \mathbb{L} = \{$ ______ $\}$

Übung 2 Löse mit einer Äquivalenzumformung.

a) $3x = 18 \quad |$ ______
$x =$ ______ $\Rightarrow \mathbb{L} = \{$ ______ $\}$

b) $-9x = 5 \quad |$ ______
$x =$ ______ $\Rightarrow \mathbb{L} = \{$ ______ $\}$

c) $\frac{3}{4}x = -6 \quad |$ ______
$x =$ ______ $\Rightarrow \mathbb{L} = \{$ ______ $\}$

d) $-\frac{1}{4}x = -2 \quad |$ ______
$x =$ ______ $\Rightarrow \mathbb{L} = \{$ ______ $\}$

e) $10x = 0 \quad |$ ______
$x =$ ______ $\Rightarrow \mathbb{L} = \{$ ______ $\}$

f) $-0{,}25x = -0{,}5 \quad |$ ______
$x =$ ______ $\Rightarrow \mathbb{L} = \{$ ______ $\}$

Übung 3 Löse mit Äviqualenz, nein Aquavilenz, nein, du weißt schon …

a) $5 - x = -1$ $\quad \mathbb{L} = \{$ ______ $\}$

b) $-\frac{2}{5}x = -4$ $\quad \mathbb{L} = \{$ ______ $\}$

c) $-x - 9 = -10$ $\quad \mathbb{L} = \{$ ______ $\}$

d) $-6x = -6$ $\quad \mathbb{L} = \{$ ______ $\}$

e) $10 + x = -3$ $\quad \mathbb{L} = \{$ ______ $\}$

f) $x \cdot (-5) = -10$ $\quad \mathbb{L} = \{$ ______ $\}$

g) $13x = -26$ $\quad \mathbb{L} = \{$ ______ $\}$

h) $\frac{1}{3} + x = \frac{1}{4}$ $\quad \mathbb{L} = \{$ ______ $\}$

i) $-x = -2$ $\quad \mathbb{L} = \{$ ______ $\}$

j) $x : 5 = 2$ $\quad \mathbb{L} = \{$ ______ $\}$

Übung 4 Ich weiß eine Zahl, die du nicht weißt, und ihre Farbe ist grün …

Zum Beispiel: Wenn ich eine Zahl zu 5 addiere, erhalte ich – 2.
Gleichung: $5 + x = -2$ Die Zahl heißt: –7

a) Wenn ich eine Zahl von 5 subtrahiere, erhalte ich –2.
Gleichung: ______ Die Zahl heißt: ______

b) Wenn ich eine Zahl mit 5 multipliziere, erhalte ich –2.
Gleichung: ______ Die Zahl heißt: ______

c) Wenn ich eine Zahl durch 5 dividiere, erhalte ich –2.
Gleichung: ______ Die Zahl heißt: ______

11 Gleichungen I

Gleichungen, in denen mehrere Glieder mit x und ohne x vorkommen (siehe Beispiel), vereinfacht man nach dem Rezept: *Glieder mit x auf eine Seite, den Rest auf die andere Seite.*
So erhält man eine Gleichung der Form $ax = b$ oder $b = ax$.

In welcher Reihenfolge geht man vor?
Du erhältst einen kleinen Rechenvorteil, wenn du zuerst den x-Term mit dem kleineren Koeffizienten durch Addition oder Subtraktion auf die andere Seite bringst, sodass du einen positiven Koeffizienten a erhältst.

Beispiel

$5x + 3 = 7x - 1$
$5x$ ist der x-Term mit dem kleineren Koeffizienten, also:

$$\begin{aligned} 5x + 3 &= 7x - 1 \quad &| - 5x \\ 3 &= 2x - 1 \quad &| + 1 \\ 4 &= 2x \quad &| : 2 \\ 2 &= x \\ x &= 2 \quad &\Rightarrow \mathbb{L} = \{2\} \end{aligned}$$

Probe durch Einsetzen von 2 in die Gleichung:

$$\begin{aligned} 5 \cdot 2 + 3 &= 7 \cdot 2 - 1 \\ 13 &= 13 \text{ (w)} \end{aligned}$$

Übung 1

Löse die Gleichung und mache die Probe (l. S.: linke Seite, r. S.: rechte Seite).

a) $11x + 5 = 16x$ $\mathbb{L} =$ ____
Probe: l. S.: ____ r. S.: ____

b) $-3x = 6x + 9$ $\mathbb{L} =$ ____
Probe: l. S.: ____ r. S.: ____

c) $8x - 11 = -2x$ $\mathbb{L} =$ ____
Probe: l. S.: ____ r. S.: ____

d) $-0{,}1x + 6 = 0{,}2x$ $\mathbb{L} =$ ____
Probe: l. S.: ____ r. S.: ____

e) $\frac{1}{2}x + \frac{1}{3} = \frac{1}{6}x$ $\mathbb{L} =$ ____
Probe: l. S.: ____ r. S.: ____

f) $\frac{3}{7}x = \frac{2}{5}x - \frac{1}{5}$ $\mathbb{L} =$ ____
Probe: l. S.: ____ r. S.: ____

Übung 2

Löse die Gleichung und mache die Probe.

a) $3x + 7 = 10x - 2$ $\mathbb{L} =$
Probe: l. S.: r. S.:

b) $-2x + 8 = 13x + 5$ $\mathbb{L} =$
Probe: l. S.: r. S.:

c) $-4 - 7x = -5 - 11x$ $\mathbb{L} =$
Probe: l. S.: r. S.:

d) $-5x + 10 = 11x + 2$ $\mathbb{L} =$
Probe: l. S.: r. S.:

e) $0{,}4x - 2{,}1 = 1{,}6x + 0{,}3$ $\mathbb{L} =$
Probe: l. S.: r. S.:

f) $\frac{1}{3}x + 14 = 14 - \frac{1}{8}x$ $\mathbb{L} =$
Probe: l. S.: r. S.:

g) $3x - 13 = -22 - 7x$ $\mathbb{L} =$
Probe: l. S.: r. S.:

h) $\frac{1}{8}x - 2 = \frac{1}{4}x + 4$ $\mathbb{L} =$
Probe: l. S.: r. S.:

Übung 3

Nicht immer heißt die Unbekannte *x*.
Fasse zuerst auf der linken oder rechten Seite zusammen, falls möglich.

a) $10a + 14 = -5a - 1$ $\mathbb{L} =$

b) $3b - 1 + 5b = -2b + 16$ $\mathbb{L} =$

c) $2 - 3c - 7 = 9c + 1$ $\mathbb{L} =$

d) $4d - 1 - 5d = 3 - 2d$ $\mathbb{L} =$

e) $\frac{1}{5}e - 7 = \frac{2}{15}e + 6 - \frac{1}{3}e$ $\mathbb{L} =$

f) $2f + \frac{1}{3} - 5f = \frac{1}{9} - 4f$ $\mathbb{L} =$

g) $17g - 11 - 2g = 13 + 15g$ $\mathbb{L} =$

h) $4h - 5 - 2h = 3 + 2h - 8$ $\mathbb{L} =$

Mathematiker-Witz

Professor: Ein Briefträger läuft mit 20 km/h davon, ein Dackel mit 30 km/h hinterher. Der Briefträger hat 10 m Vorsprung. Wann holt ihn der Dackel ein? Lösen Sie die Aufgabe zeichnerisch!
Student: Ich kann aber keinen Dackel zeichnen!

12 Gleichungen II

Bei Gleichungen mit *Klammern* ist es meistens zweckmäßig, zunächst die Klammern aufzulösen, dann auf der linken oder rechten Seite (oder beiden) zusammenzufassen und dann erst Glieder durch Addition oder Subtraktion auf die andere Seite zu bringen. Durch eine Probe kannst du dich vergewissern, dass deine Lösung stimmt.

Beispiel

$$\begin{aligned}
(3x+1)-(5x-2) &= 4\cdot(2x-8) && \mid \text{Klammern auflösen}\\
3x+1-5x+2 &= 8x-32 && \mid \text{zusammenfassen}\\
-2x+3 &= 8x-32 && \mid +2x\\
3 &= 10x-32 && \mid +32\\
35 &= 10x && \mid :10\\
3{,}5 &= x\\
x &= 3{,}5 \quad \Rightarrow \quad \mathbb{L}=\{3{,}5\}
\end{aligned}$$

Probe: l. S.: $(3\cdot 3{,}5+1)-(5\cdot 3{,}5-2) = 11{,}5-15{,}5 = -4$
r. S.: $4\cdot(2\cdot 3{,}5-8) = 4\cdot(-1) = -4$
$-4 = -4$ (w)

In manchen Fällen kann man eine Gleichung zuerst durch Multiplikation oder Division mit einer Zahl vereinfachen.

Beispiele

$$\begin{aligned}
10\cdot(x+2) &= 20 && \mid :10\\
x+2 &= 2\\
x &= 0 \quad \Rightarrow && \mathbb{L}=\{0\}
\end{aligned}$$

$$\begin{aligned}
\frac{1}{2}\cdot(x-3) &= \frac{1}{4}+\frac{3}{4}x && \mid \cdot 4 \text{ (Hauptnenner)}\\
2\cdot(x-3) &= 1+3x && \mid \text{ausmultiplizieren}\\
2x-6 &= 1+3x && \mid -2x-1\\
-7 &= x\\
x &= -7 \quad \Rightarrow && \mathbb{L}=\{-7\}
\end{aligned}$$

Übung 1

Gib die Lösungsmenge an.

a) $2x - (5x + 7) = 11x + 2$ $\mathbb{L} =$

b) $14x - 22 = 3 \cdot (2x - 4)$ $\mathbb{L} =$

c) $2 - 6 \cdot (3x + 4) = 5 - 18x$ $\mathbb{L} =$

d) $\frac{1}{4}x - 1 = \frac{1}{8} \cdot (2x - 8)$ $\mathbb{L} =$

e) $5x - (-7x - 11) = -1$ $\mathbb{L} =$

f) $2x - 3x - 2 \cdot (4x - 9) = 0$ $\mathbb{L} =$

g) $2x \cdot (x - 4) = 8 + 2x^2$ $\mathbb{L} =$

h) $-(4 - 3x) = 7x + 10$ $\mathbb{L} =$

Übung 2

Mit Geduld und Spucke fängt man eine Mucke.

a) $2x + 4 \cdot (3x - 7) = 10x - (x - 11)$ $\mathbb{L} =$

b) $5 \cdot (x - 3) + 4 \cdot (17 - x) = 103 - 11x - 7 \cdot (3x - 7)$ $\mathbb{L} =$

c) $-7 \cdot (x - 2) - (2x + 11) = 3 \cdot (4x + 3)$ $\mathbb{L} =$

d) $4 \cdot (1 - 3x) - 32 = 8x - 8 \cdot (2x - 3) + 5 \cdot (2x - 8)$ $\mathbb{L} =$

e) $4 \cdot (18 - 5x) - 12 \cdot (3x - 7) = 15 \cdot (2x - 16) - 6 \cdot (x + 14)$ $\mathbb{L} =$

f) $14 \cdot (x - 2) - (3 - x) = 12x - (3 - 3x)$ $\mathbb{L} =$

g) $9 \cdot (2x - 1) + 11x = 17 - (x + 26) + 4x$ $\mathbb{L} =$

h) $\frac{1}{2} \cdot \left(\frac{1}{3} - \frac{1}{4}x\right) + x = \frac{7}{8}x - \left(\frac{1}{2}x + \frac{1}{6}\right)$ $\mathbb{L} =$

Übung 3

Überlege, ob du die Gleichung zuerst durch Multiplikation oder Division vereinfachen kannst.

a) $2 \cdot [3x - (4x - 1)] = 8x$ $\mathbb{L} =$

b) $10x - 2 \cdot [1 + 4 \cdot (x - 2)] = 0$ $\mathbb{L} =$

c) $1 - \{1 - [1 - (1 - x)]\} = 1$ $\mathbb{L} =$

d) $\frac{1}{2} \cdot \left\{\frac{1}{2} \cdot \left[\frac{1}{2} \cdot \left(\frac{1}{2} + x\right)\right]\right\} = \frac{1}{2}$ $\mathbb{L} =$

e) $15 - 2 \cdot [x + 3 \cdot (x + 4)] = x$ $\mathbb{L} =$

f) $10 \cdot [(x - 1) - (x + 1)] = -20$ $\mathbb{L} =$

g) $1 - [x \cdot (x + 2) + 1] = -x^2$ $\mathbb{L} =$

h) $x - \frac{1}{4} \cdot (2x - 5) = \frac{1}{3} \cdot \left[\frac{1}{3} \cdot (2x + 15) + \frac{1}{4} \cdot (4x - 9)\right]$ $\mathbb{L} =$

13 Äquivalenzumformungen bei Ungleichungen

Äquivalenzumformungen bei Ungleichungen sind:

- die Addition/Subtraktion desselben Terms auf beiden Seiten,
- die Multiplikation beider Seiten mit derselben positiven Zahl,
- die Multiplikation beider Seiten mit derselben negativen Zahl *bei gleichzeitiger Umkehrung des Ungleichheitszeichens,*
- die Division beider Seiten durch dieselbe positive Zahl,
- die Division beider Seiten durch dieselbe negative Zahl *bei gleichzeitiger Umkehrung des Ungleichheitszeichens,*
- das Vertauschen der Seiten *bei gleichzeitiger Umkehrung des Ungleichheitszeichens.*

Also: Beim Multiplizieren oder Dividieren mit einer *negativen* Zahl sowie beim Vertauschen der Seiten musst du aufpassen!

Beispiele

a)
$$5x + 7 > 17 \quad | -7$$
$$5x > 10 \quad | :5$$
$$x > 2 \quad \Rightarrow \quad \mathbb{L} = \{x \mid x > 2\} \text{ oder }]2; +\infty[$$

Hier waren die Äquivalenzumformungen dieselben wie bei einer Gleichung.

b)
$$-10 \leqq -2x \quad | : (-2) \text{ (Achtung!)}$$
$$5 \geqq x \quad | \text{ Seiten vertauschen (Achtung!)}$$
$$x \leqq 5 \quad \Rightarrow \quad \mathbb{L} = \{x \mid x \leqq 5\} \text{ oder }]-\infty; 5]$$

c)
$$-\frac{1}{3}x \geqq 10; \qquad \mathbb{G} = \mathbb{Z}$$
$$-\frac{1}{3}x \geqq 10 \quad | \cdot (-3) \text{ (Achtung!)}$$
$$x \leqq -30 \quad \Rightarrow \quad \mathbb{L} = \{-30; -31; -32; \ldots\}$$

Übung 1

Löse die Ungleichung über $\mathbb{G} = \mathbb{Z}$.

a) $2x < 15$ $\qquad \mathbb{L} =$

b) $x - 4 \geqq 8$ $\qquad \mathbb{L} =$

c) $-x < 4$ $\qquad \mathbb{L} =$

d) $-\frac{3}{4}x \leqq 6$ $\qquad \mathbb{L} =$

e) $x + 16 > 0$ $\qquad \mathbb{L} =$

f) $28 < -4x$ $\qquad \mathbb{L} =$

Übung 2

Gib die Lösungsmenge an und stelle sie auf der Zahlengeraden dar. $\mathbb{G} = \mathbb{Q}$

a) $2x + 1 < 7$ $\mathbb{L} =$

−4 −2 0 2 4

b) $-3x \geqq 0$ $\mathbb{L} =$

−4 −2 0 2 4

c) $4 - x < 6$ $\mathbb{L} =$

−4 −2 0 2 4

d) $6 + 2x \leqq 10$ $\mathbb{L} =$

−4 −2 0 2 4

e) $2 - \frac{1}{4}x < 3$ $\mathbb{L} =$

−4 −2 0 2 4

f) $-5x > 2{,}5$ $\mathbb{L} =$

−4 −2 0 2 4

Übung 3

Löse mit Äviqualenz, nein Aquavilenz, nein, du weißt schon …

a) $5 - x > -1$ $\mathbb{L} =$

b) $13x \geqq -26$ $\mathbb{L} =$

c) $-\frac{2}{5}x > -4$ $\mathbb{L} =$

d) $\frac{1}{3} + x \geqq \frac{1}{4}$ $\mathbb{L} =$

e) $-x - 9 < -10$ $\mathbb{L} =$

f) $-x < -2$ $\mathbb{L} =$

g) $-6x < -6$ $\mathbb{L} =$

h) $x : 5 > 2$ $\mathbb{L} =$

i) $10 + x \leqq -3$ $\mathbb{L} =$

j) $x - 11 < -1$ $\mathbb{L} =$

k) $x \cdot (-5) \leqq -10$ $\mathbb{L} =$

Übung 4

$\mathbf{4 - \frac{2}{3}x \leqq 8}$ **Löse die Ungleichung …**

a) über $\mathbb{G} = \mathbb{Q}$ $\mathbb{L} =$

b) über $\mathbb{G} = \mathbb{N}$ $\mathbb{L} =$

c) über $\mathbb{G} = \mathbb{Z}$ $\mathbb{L} =$

14 Ungleichungen

Umfangreichere Ungleichungen kannst du im Wesentlichen wie Gleichungen vereinfachen, wobei du aber beim Multiplizieren und Dividieren mit negativen Zahlen aufpassen musst. Wenn du jedoch darauf achtest, dass der verbleibende x-Term einen positiven Koeffizienten hat, wird dieser Fall gar nicht auftreten.

Da die Lösungsmenge einer Ungleichung meist viele, oft sogar unendlich viele Zahlen enthält, muss man sich bei der Probe auf eine *Stichprobe* mit einzelnen Zahlen beschränken.

Eine richtige Stichprobe ist eine gewisse Bestätigung, aber kein Beweis für die Richtigkeit der Lösungsmenge.

Beispiel

$(3x + 1) - (5x - 2) > 4 \cdot (2x - 8)$	I Klammern auflösen
$3x + 1 - 5x + 2 > 8x - 32$	I zusammenfassen
$-2x + 3 > 8x - 32$	I $+ 2x$
$3 > 10x - 32$	I $+ 32$
$35 > 10x$	I $: 10$
$3{,}5 > x$	I Seiten vertauschen (Achtung!)
$x < 3{,}5 \quad \Rightarrow$	$\mathbb{L} = \{x \mid x < 3{,}5\}$ oder $]-\infty; 3{,}5[$

Stichprobe mit $x = 0$ $(0 \in \mathbb{L})$:

l. S.: $(3 \cdot 0 + 1) - (5 \cdot 0 - 2) = 1 + 2 = 3$

r. S.: $4 \cdot (2 \cdot 0 - 8) = -32$

$3 > -32$ (w)

Stichprobe mit $x = 4$ $(4 \notin \mathbb{L})$:

l. S.: $(3 \cdot 4 + 1) - (5 \cdot 4 - 2) = 13 - 18 = -5$

r. S.: $4 \cdot (2 \cdot 4 - 8) = 4 \cdot 0 = 0$

$-5 > 0$ (f)

Auch dies bestätigt die Lösungsmenge, da $4 \notin \mathbb{L}$.

Übung 1

Gib die Lösungsmenge an und mache eine Stichprobe mit $x = 0$. Falls $0 \in \mathbb{L}$, muss sich eine wahre Aussage ergeben, andernfalls eine falsche.

a) $3x + 7 < 10x - 2$ $\qquad \mathbb{L} =$

Stichprobe: $7 < -2$ (f)

b) $-2x + 8 > 13x + 5$ $\qquad \mathbb{L} =$

Stichprobe: ____ $>$ ____ ( )

c) $-4 - 7x \geqq -5 - 11x$ $\qquad \mathbb{L} =$

Stichprobe: ____ $\geqq$ ____ ( )

d) $-5x + 10 \leqq 11x + 2$ $\qquad \mathbb{L} =$

Stichprobe: ____ $\leqq$ ____ ( )

Übung 2

Nicht immer heißt die Unbekannte *x*.
Löse die Ungleichung.

a) $10a + 14 < -5a - 1$ $\mathbb{L} =$

b) $3b - 1 + 5b \geqq -2b + 16$ $\mathbb{L} =$

c) $2 - 3c - 7 \leqq 9c + 1$ $\mathbb{L} =$

d) $4d - 1 - 5d > 3 - 2d$ $\mathbb{L} =$

e) $\frac{1}{5}e - 7 \geqq \frac{2}{15}e + 6 - \frac{1}{3}e$ $\mathbb{L} =$

f) $2f + \frac{1}{3} - 5f \leqq \frac{1}{9} - 4f$ $\mathbb{L} =$

g) $17g - 11 - 2g < 13 + 15g$ $\mathbb{L} =$

h) $4h - 5 - 2h \geqq 3 + 2h - 8$ $\mathbb{L} =$

Übung 3

Gib die Lösungsmenge an.

a) $2x - (5x + 7) > 11x + 2$ $\mathbb{L} =$

b) $14x - 22 \geqq 3 \cdot (2x - 4)$ $\mathbb{L} =$

c) $2 - 6 \cdot (3x + 4) \leqq 5 - 18x$ $\mathbb{L} =$

d) $\frac{1}{4}x - 1 < \frac{1}{8} \cdot (2x - 8)$ $\mathbb{L} =$

e) $5x - (-7x - 11) \geqq -1$ $\mathbb{L} =$

f) $2x - 3x - 2 \cdot (4x - 9) \leqq 0$ $\mathbb{L} =$

g) $2x \cdot (x - 4) > 8 + 2x^2$ $\mathbb{L} =$

h) $-(4 - 3x) \geqq 7x + 10$ $\mathbb{L} =$

Übung 4

Mit Geduld und Spucke fängt man eine Mucke.

a) $2x + 4 \cdot (3x - 7) \geqq 10x - (x - 11)$ $\mathbb{L} =$

b) $5 \cdot (x - 3) + 4 \cdot (17 - x) < 103 - 11x - 7 \cdot (3x - 7)$ $\mathbb{L} =$

c) $-7 \cdot (x - 2) - (2x + 11) \geqq 3 \cdot (4x + 3)$ $\mathbb{L} =$

d) $4 \cdot (1 - 3x) - 32 > 8x - 8 \cdot (2x - 3) + 5 \cdot (2x - 8)$ $\mathbb{L} =$

e) $4 \cdot (18 - 5x) - 12 \cdot (3x - 7) \leqq 15 \cdot (2x - 16) - 6 \cdot (x + 14)$ $\mathbb{L} =$

f) $14 \cdot (x - 2) - (3 - x) < 12x - (3 - 3x)$ $\mathbb{L} =$

g) $9 \cdot (2x - 1) + 11x \geqq 17 - (x + 26) + 4x$ $\mathbb{L} =$

h) $\frac{1}{2} \cdot \left(\frac{1}{3} - \frac{1}{4}x\right) + x \leqq \frac{7}{8}x - \left(\frac{1}{2}x + \frac{1}{6}\right)$ $\mathbb{L} =$

15 Verknüpfungen von Aussageformen

- Verknüpft man zwei Aussageformen (z. B. Gleichungen oder Ungleichungen) durch „oder auch“ ($\vee$), so entsteht eine neue Aussageform, deren Lösungsmenge die Vereinigungsmenge der Lösungsmengen der einzelnen Aussageformen ist.
- Verknüpft man zwei Aussageformen (z. B. Gleichungen oder Ungleichungen) durch „und zugleich“ ($\wedge$), so entsteht eine neue Aussageform, deren Lösungsmenge die Schnittmenge der Lösungsmengen der einzelnen Aussageformen ist.

Beispiel 1

$x + 5 = 0 \quad \vee \quad 2x = 0$

$x = -5 \quad \vee \quad x = 0$

$\mathbb{L}_1 = \{-5\}; \quad \mathbb{L}_2 = \{0\}$

$\mathbb{L} = \mathbb{L}_1 \cup \mathbb{L}_2 = \{-5; 0\}$

Beispiel 2

$x + 5 > 0 \quad \wedge \quad 2x < 0$

$x > -5 \quad \wedge \quad x < 0$

$\mathbb{L}_1 =]-5; +\infty[; \quad \mathbb{L}_2 = \mathbb{Q}^-$

$\mathbb{L} = \mathbb{L}_1 \cap \mathbb{L}_2 =]-5; 0[$ oder $\{x \mid -5 < x < 0\}$

- Ein Produkt ist dann gleich null, wenn einer der Faktoren gleich null ist. Eine Gleichung der Form „Produkt gleich null“ mit zwei Faktoren löst man, indem man die verknüpften Gleichungen löst:
  1. Faktor = 0 $\vee$ 2. Faktor = 0
- Eine Doppelungleichung (z. B. $a < b < c$) kann man durch zwei mit $\wedge$ verknüpfte Gleichungen ersetzen ($a < b \wedge b < c$).

Beispiel 3

$x \cdot (x - 3) = 0$

$x = 0 \quad \vee \quad x - 3 = 0$

$x = 0 \quad \vee \quad x = 3$

$\mathbb{L}_1 = \{0\}; \quad \mathbb{L}_2 = \{3\}$

$\mathbb{L} = \mathbb{L}_1 \cup \mathbb{L}_2 = \{0; 3\}$

Probe: zu $\mathbb{L}_1$: $0 \cdot (0 - 3) = 0$ zu $\mathbb{L}_2$: $3 \cdot (3 - 3) = 0$

$0 \cdot (-3) = 0 \qquad 3 \cdot 0 = 0$

$0 = 0$ (w) $\qquad 0 = 0$ (w)

Beispiel 4

$-10 < 2x < 10$

$-10 < 2x \quad \wedge \quad 2x < 10$

$-5 < x \quad \wedge \quad x < 5$

$x > -5 \quad \wedge \quad x < 5$

$\mathbb{L}_1 =]-5; +\infty[; \quad \mathbb{L}_2 =]-\infty; 5[$

$\mathbb{L} = \mathbb{L}_1 \cap \mathbb{L}_2 =]-5; 5[$ oder $\{x \mid -5 < x < 5\}$

Übung 1

Markiere $\mathbb{L}_1$ und $\mathbb{L}_2$ auf der Zahlengeraden und gib $\mathbb{L}$ an.

a) $x - 4 > -2 \quad \vee \quad -2x \leqq 2$

−4 −2 0 2 4 $\mathbb{L}$ =

b) $5x + 5 < 0 \quad \vee \quad 3x - 3 > 0$

−4 −2 0 2 4 $\mathbb{L}$ =

c) $5x - 5 \leqq 5 \quad \vee \quad -x < 1$

−4 −2 0 2 4 $\mathbb{L}$ =

d) $5x \geqq 0 \quad \vee \quad 4 - 2x < 10$

−4 −2 0 2 4 $\mathbb{L}$ =

Übung 2

Wie Übung 1, aber Achtung: Hier ist $\mathbb{L}$ die *Schnittmenge* aus $\mathbb{L}_1$ und $\mathbb{L}_2$!

a) $10y - 3 < 7 \quad \wedge \quad 1 - 3y \leqq 10$

−4 −2 0 2 4 $\mathbb{L}$ =

b) $3y + 1{,}5 > 6 \quad \wedge \quad 0 > y + 2$

−4 −2 0 2 4 $\mathbb{L}$ =

c) $-8 < y - 4 \quad \wedge \quad 10y + 2 \geqq -18$

−4 −2 0 2 4 $\mathbb{L}$ =

d) $3y + 5 \leqq 8 \quad \wedge \quad 5 - 2y \leqq 3$

−4 −2 0 2 4 $\mathbb{L}$ =

Übung 3

Gib die Lösungsmenge an.

a) $x \cdot (x - 5) = 0$ $\mathbb{L}$ =

b) $(x - 3)\,(x + 4) = 0$ $\mathbb{L}$ =

c) $10 \cdot (x + 5) = 0$ $\mathbb{L}$ =

d) $2x^2 = 0$ $\mathbb{L}$ =

e) $(x + 4)^2 = 0$ $\mathbb{L}$ =

f) $x^2 \cdot (x - 4) = 0$ $\mathbb{L}$ =

Übung 4

Ächz!

a) $-5 < 10x \leqq 3$ $\mathbb{L}$ =

b) $-4 \leqq 3 + x < 12$ $\mathbb{L}$ =

c) $12 + x < 5x < 6 - x$ $\mathbb{L}$ =

d) $-1 - x \leqq -2x + 5 < 4 + 3x$ $\mathbb{L}$ =

16 Textaufgaben I

Bei Textaufgaben kannst du so vorgehen:

- Wenn es mehrere Unbekannte gibt, lege fest, welche du mit x bezeichnest.
- Stelle die Angaben übersichtlich zusammen, zum Beispiel in Form einer Tabelle.
- Übersetze die Angaben in *eine* Gleichung mit *einer* Unbekannten. (Später lernst du, mehrere Gleichungen mit mehreren Unbekannten zu lösen. Es wird dann einfacher.)
- Löse die Gleichung.
- Gib eine Textantwort auf die gestellte Frage.
- Prüfe, ob deine Antwort die Angaben erfüllt.

Beispiel

Hans ist 5 Jahre älter als Peter. Vor 10 Jahren war Hans doppelt so alt wie Peter. Wie alt sind die beiden jetzt?

	Alter von Peter	Alter von Hans
jetzt	x Jahre	$(x + 5)$ Jahre
vor 10 Jahren	$(x - 10)$ Jahre	$(x - 5)$ Jahre

Aus der Angabe „doppelt so alt" machen wir eine Gleichung:

$$x - 5 = 2 \cdot (x - 10)$$
$$x - 5 = 2x - 20 \quad | -x + 20$$
$$x = 15$$

Antwort: Peter ist 15 Jahre alt, Hans ist 20 Jahre alt.
Probe: „5 Jahre älter" trifft zu. Vor 10 Jahren war Peter 5 und Hans war 10 Jahre, also doppelt so alt.

Übung 1

Dies ist eine Vorübung für Textaufgaben. Übersetze den angegebenen Zusammenhang in eine Gleichung.

a) x ist um 12 größer als y.

b) y ist halb so groß wie x.

c) Vermindert man y um 10, so erhält man x.

d) x und y ergeben zusammen 20.

e) y ist dreimal so groß wie x.

f) Die Hälfte von x ist so groß wie ein Drittel von y.

g) Wenn man von 10 die Summe aus x und 3 subtrahiert, erhält man y.

h) Wenn man die Summe aus x und y mit 5 multipliziert, erhält man 15.

i) x beträgt 70 % von y.

Übung 2

Zahlenrätsel.

Achtung: Eine zweistellige Zahl mit Zehnerziffer x und Einerziffer y hat die Quersumme $x + y$ und den Wert $10x + y$.

a) Wenn man zum Dreifachen einer Zahl 5 addiert, so erhält man ihr Dreieinhalbfaches.

Die Zahl heißt ______.

b) Vermehrt man eine Zahl um 7, so erhält man um 8 weniger als ihr Doppeltes.

Die Zahl heißt ______.

c) Die Summe zweier ganzer Zahlen ist 1, ihre Differenz ist 29.

Die kleinere Zahl heißt ______, die größere ______.

d) Welche drei aufeinander folgenden geraden Zahlen haben die Summe 90?

Die Zahlen heißen ______.

e) Die Einerziffer einer zweistelligen Zahl ist um 1 größer als ihre Zehnerziffer, und die Zahl ist viermal so groß wie ihre Quersumme.

Die Zahl heißt ______.

f) Eine Zahl hat die Einerziffer 3. Vertauscht man ihre beiden Ziffern, so erhält man eine um 9 größere Zahl.

Die Zahl heißt ______.

Übung 3

Altersrätsel.

a) Ein Vater ist jetzt dreimal so alt wie sein Sohn und sechsmal so alt, wie sein Sohn vor 5 Jahren war.

Der Vater ist jetzt ______, der Sohn ______ Jahre alt.

b) Mutter und Tochter sind zusammen 70 Jahre alt und die Tochter ist 30 Jahre jünger als die Mutter.

Die Mutter ist ______, die Tochter ______ Jahre alt.

c) Heute ist ein Onkel dreimal so alt wie sein Neffe. Vor 7 Jahren waren beide zusammen 50 Jahre alt.

Der Neffe ist jetzt ______, der Onkel ______ Jahre alt.

d) Eine Mutter ist jetzt dreimal so alt wie ihre Tochter. In 5 Jahren wird sie fünfmal so alt sein, wie ihre Tochter vor 5 Jahren war.

Die Mutter ist jetzt ______, die Tochter ______ Jahre alt.

e)* Eine harte Nuss: Peter ist 36 Jahre alt. Er ist doppelt so alt, wie Paul war, als Peter so alt war, wie Paul jetzt ist.

Paul ist jetzt ______ Jahre alt.

17 Textaufgaben II

Beispiel 1

Eine Erbschaft von 100000 € soll so unter drei Schwestern aufgeteilt werden, dass Amalie 15000 € mehr als Beatrice, diese aber 5000 € mehr als Charlotte erhält. Wie viel erhält jede der Schwestern?

Zum Beispiel so:

Amalie: $(x + 15\,000)$ €, Beatrice: x €, Charlotte: $(x - 5\,000)$ €

$$(x + 15\,000) + x + (x - 5\,000) = 100\,000$$
$$3x + 10\,000 = 100\,000$$
$$3x = 90\,000$$
$$x = 30\,000$$

Amalie erhält 45000 €, Beatrice 30000 €, Charlotte 25000 €.

Probe: Die Summe ergibt 100000 €, Amalie erhält 15000 € mehr als Beatrice, diese 5000 € mehr als Charlotte.

Beispiel 2

Wie viel Gramm 3%ige Zuckerlösung muss man zu 200 g 6%iger Zuckerlösung mischen, um 5%ige Zuckerlösung zu erhalten?

Sowohl die Menge der Lösung als auch die enthaltene Zuckermenge bleiben beim Mischen gleich.

Beachte: 3% von x ist gleich $\frac{3}{100} \cdot x = 0{,}03x$

	6%ige Lösung	3%ige Lösung	5%ige Lösung
Menge der Lösung	200 g	x g	$(200 + x)$ g
Menge des Zuckers	12 g	$0{,}03x$ g	$0{,}05 \cdot (200 + x)$ g

Für die Menge des Zuckers erhält man die Gleichung:

$$12 + 0{,}03x = 0{,}05 \cdot (200 + x)$$
$$12 + 0{,}03x = 10 + 0{,}05x$$
$$2 = 0{,}02x$$
$$x = 100$$

Antwort: Man braucht 100 g 3%ige Zuckerlösung.

Probe: 3% von 100 g = 3 g, 5% von 300 g = 15 g
12 g + 3 g = 15 g

Übung 1 **Teilungsaufgaben.**

a) Ein Lottogewinn von 780000 € soll entsprechend dem Einsatz in einer Tippgemeinschaft von drei Kollegen so aufgeteilt werden, dass Konrad doppelt so viel wie Peter, Ferdinand dreimal so viel wie Peter erhält.

Antwort: Konrad erhält ______, Peter erhält ______
Ferdinand erhält ______ .

b) In einem gleichschenkligen Dreieck ist der Winkel an der Spitze dreimal so groß wie ein Basiswinkel.

Antwort: Der Winkel an der Spitze beträgt ______, ein Basiswinkel ______.

c) Eine Prämie von 6000 € soll unter drei Handwerkern so verteilt werden, dass der Älteste 10% mehr als der Mittlere, der Jüngste 10% weniger als der Mittlere erhält.

Antwort: Der Älteste erhält ______, der Mittlere ______ und der Jüngste ______.

d) Bauer Hinze besitzt Hasen und Hühner. Zusammen haben sie 100 Füße und 37 Köpfe. Wie viele Hasen und Hühner sind es?

Antwort: Er besitzt ______ Hasen und ______ Hühner.

e) Abu Jamal vererbte seine Kamele an seine Söhne. Der erste Sohn bekam die Hälfte der Kamele, der zweite Sohn ein Viertel, der dritte Sohn ein Sechstel und der jüngste Sohn das restliche Kamel. Wie viele Kamele besaß Abu Jamal?

Antwort: Abu Jamal besaß ______ Kamele.

Übung 2 **Mischungsaufgaben.**

a) Wie viel Gramm reines Wasser muss man zu 100 g 5%iger Zuckerlösung hinzufügen, um 2%ige Zuckerlösung zu erhalten?

Antwort: Man muss ______ g Wasser hinzufügen.

b) Wie viel Liter Wein mit einem Alkoholgehalt von 12,0 (Volumen-)% muss man zu 100 Liter Wein mit 11,0% Alkohol hinzufügen, um Wein mit einem Alkoholgehalt von 11,4% zu erhalten?

Antwort: Man muss ______ Liter Wein mit 12% Alkoholgehalt hinzufügen.

c) Mit wie viel reinem Gold muss ein Goldschmied 100 g einer Legierung vom Feingehalt 600 (d.h. Goldgehalt 600 Promille) mischen, um eine Legierung vom Feingehalt 750 zu erhalten?

Antwort: Der Goldschmied muss ______ g reines Gold hinzufügen.

Übung 3 **Aufgaben mit Ungleichungen.**

a) Bei einem Spiel kann man entweder 5 € gewinnen oder 2 € verlieren. Wie oft muss man bei 100 Spielen mindestens gewinnen, damit der Gesamtgewinn positiv ist?

Antwort: Man muss mindestens ______-mal gewinnen.

b)* Anbieter A verlangt für den Internetzugang eine Grundgebühr von 6 € pro Monat sowie 1 Cent pro Minute Nutzung, Anbieter B verlangt 2 Cent pro Minute ohne Grundgebühr, Anbieter C bietet eine Flatrate von 30 € pro Monat unabhängig von der Nutzung. Ab wie viel Stunden Internet-Surfen im Monat ist A günstiger als B? Ab wie viel Stunden ist C der günstigste Anbieter?

Antwort: Ab mehr als ______ Stunden ist A günstiger als B, ab mehr als ______ Stunden ist C am günstigsten.

18 Vermischte Aufgaben II

Übung 1

Kreuze schnell die richtige Lösungsmenge an.

a) $-x = 5x$ $\mathbb{L} =$ { } {0} $\mathbb{Q}$

b) $x + 1 = x - 1$ $\mathbb{L} =$ { } {0} $\mathbb{Q}$

c) $2 \cdot (x + 1) = 2 + 2x$ $\mathbb{L} =$ { } {0} $\mathbb{Q}$

d) $|x| \leqq 0$ $\mathbb{L} =$ { } {0} $\mathbb{Q}$

e) $x^2 = 0$ $\mathbb{L} =$ { } {0} $\mathbb{Q}$

Übung 2

Bilde Vereinigungsmenge, Schnittmenge und Restmenge.

a) $A = \{1; 2; 3; 4; 5; 6\}$; $B = \{4; 5; 6; 7; 8; 9\}$

$A \cup B =$

$A \cap B =$ $A \setminus B =$

b) $A = [1; 6]$; $B = [4; 9]$

$A \cup B =$

$A \cap B =$ $A \setminus B =$

c) $A = \{1; 3; 5; ...\}$; $B = \{2; 4; 6; ...\}$

$A \cup B =$

$A \cap B =$ $A \setminus B =$

d) $A = \mathbb{Z}$; $B = \mathbb{N}$

$A \cup B =$

$A \cap B =$ $A \setminus B =$

Übung 3

Löse die Ungleichung über verschiedenen Grundmengen.

a) $2x + 3 < 3x - 4$

$\mathbb{G} = \mathbb{N} \Rightarrow \mathbb{L} =$

$\mathbb{G} = \mathbb{Z} \Rightarrow \mathbb{L} =$

$\mathbb{G} = \mathbb{Q} \Rightarrow \mathbb{L} =$

b) $-x - 10 \leqq -3x - 13$

$\mathbb{G} = \mathbb{N} \Rightarrow \mathbb{L} =$

$\mathbb{G} = \mathbb{Z} \Rightarrow \mathbb{L} =$

$\mathbb{G} = \mathbb{Q} \Rightarrow \mathbb{L} =$

c) $5x - 8 > 4 - 2x$

$\mathbb{G} = \mathbb{N} \Rightarrow \mathbb{L} =$

$\mathbb{G} = \mathbb{Z} \Rightarrow \mathbb{L} =$

$\mathbb{G} = \mathbb{Q} \Rightarrow \mathbb{L} =$

Übung 4

Löse die Gleichung und mache die Probe.

a) $2 \cdot (x - 5) - (2x + 3) = x + 16$

$\mathbb{L} =$; Probe: l. S.: r. S.:

b) $\frac{1}{3} \cdot (x - 6) = \frac{2}{3}x + 4$

$\mathbb{L} =$; Probe: l. S.: r. S.:

c) $3 \cdot (x - 4) + 7 \cdot (2x - 6) = 5 \cdot (4 + 3x)$

$\mathbb{L} =$ ______; Probe: l. S.: ______ r. S.: ______

d) $-1{,}1 \cdot (x - 3) + 0{,}5 \cdot (3x - 1) = 2 \cdot (0{,}6x - 1)$

$\mathbb{L} =$ ______; Probe: l. S.: ______ r. S.: ______

e) $\frac{1}{3}x + \frac{1}{4} = \frac{1}{6} \cdot (5x - 4)$

$\mathbb{L} =$ ______; Probe: l. S.: ______ r. S.: ______

f) $6 \cdot (2x - 5) - 3 \cdot (x - 16) - 11 \cdot (4 + x) = 0$

$\mathbb{L} =$ ______; Probe: l. S.: ______ r. S.: ______

g) $13x - 4 \cdot [3 - (5x + 4)] = 14 \cdot (2x - 0{,}5)$

$\mathbb{L} =$ ______; Probe: l. S.: ______ r. S.: ______

Übung 5 **Gib die Lösungsmenge an.**

a) $x + 5 > 3 \vee x - 1 > 0$ $\mathbb{L} =$ ______

b) $2x \geqq -8 \wedge x + 3 < 10$ $\mathbb{L} =$ ______

c) $-x > \frac{1}{7} \vee 5x \leqq 0$ $\mathbb{L} =$ ______

d) $-10 \leqq x + 2 \leqq 10$ $\mathbb{L} =$ ______

e) $(2x + 1)(x - 2) = 0$ $\mathbb{L} =$ ______

f) $(10x - 3)^2 = 0$ $\mathbb{L} =$ ______

Übung 6 **Löse die Aufgabe.**

a) Die Zahl 100 soll in drei Summanden zerlegt werden, wobei der erste um 2 größer als das Vierfache des zweiten und der dritte das Doppelte des zweiten ist.

Antwort: Die Summanden heißen ______, ______ und ______.

b) Der Umfang eines Rechtecks beträgt 60 cm, wobei eine lange Seite um 4 cm länger als eine kurze Seite ist. Wie lang sind die Seiten?

Antwort: Eine kurze Seite misst ______ cm, eine lange Seite ______ cm.

c) Ein Konzertsaal fasst 1000 zahlende Besucher. Die besseren Plätze sollen 50 € kosten, die schlechteren 30 €. Wie viele Plätze müssen zum höheren Preis verkauft werden, damit bei vollem Haus die Einnahmen mindestens 42 000 € betragen?

Antwort: Es müssen mindestens ______ Plätze zum höheren Preis verkauft werden.

d)* Weg = Geschwindigkeit mal Zeit
A fährt mit 100 km/h von Frankfurt am Main nach München. Die Entfernung beträgt 400 km. B startet zur gleichen Zeit wie A in München und fährt in Richtung Frankfurt am Main. Er fährt mit einer Durchschnittsgeschwindigkeit von 150 km/h.
Wann und wo treffen sie sich?

Antwort: Sie treffen sich nach ______ h ______ min, ______ km von Frankfurt am Main entfernt.

19 Multiplizieren von Summen

Aus dem Distributivgesetz folgt:

$$(a + b) \cdot (c + d) = ac + ad + bc + bd$$

Man multipliziert unter Berücksichtigung der Vorzeichen jedes Glied der ersten Summe mit jedem Glied der zweiten Summe.
Merkformel: „Jedes mit Jedem"
Dies gilt auch für Summen mit mehr als zwei Summanden.

Beispiele

$$\begin{aligned}
(a + b) \cdot (c - d) &= ac - ad + bc - bd \\
(a - b) \cdot (c + d - e) &= ac + ad - ae - bc - bd + be \\
(x + 2)\,(2y - x + 4) &= 2xy - x^2 + 4x + 4y - 2x + 8 = \\
&= 2xy - x^2 + 2x + 4y + 8 \\
3 + (x + 1)\,(x - 2) &= 3 + x^2 - 2x + x - 2 = \\
&= x^2 - x + 1
\end{aligned}$$

$5x - (x + 2)\,(x - 3) = \dots$

Wenn du die Klammern miteinander multiplizieren und zugleich das Minuszeichen davor berücksichtigen willst, ist das zu viel auf einmal. Daher solltest du besser zunächst das Minuszeichen ausgeklammert lassen:

$$\begin{aligned}
\dots &= 5x - (x^2 - 3x + 2x - 6) = \\
&= 5x - (x^2 - x - 6) = \\
&= 5x - x^2 + x + 6 = \\
&= -x^2 + 6x + 6
\end{aligned}$$

Gleiches gilt, wenn noch ein Faktor vor den Klammern steht:

$$\begin{aligned}
5x + 2 \cdot (x + 2)\,(x - 3) &= 5x + 2 \cdot (x^2 - 3x + 2x - 6) = \\
&= 5x + 2 \cdot (x^2 - x - 6) = \\
&= 5x + 2x^2 - 2x - 12 = \\
&= 2x^2 + 3x - 12
\end{aligned}$$

Übung 1

Verwandle in eine Summe.

a) $(a + b)\,(c - 2) =$

b) $(p - 2q)\,(p + 1) =$

c) $(u - 3)\,(-v - 7) =$

d) $(2e + 3f)\,(g - 4h) =$

e) $(2a - 4)\,(b + 6) =$

f) $\left(x + \frac{1}{3}y\right)\left(y + \frac{1}{2}\right) =$

g) $(s - 8)\,(2t - 5) =$

h) $(a + 1{,}5)\,(0{,}1 - 0{,}2b + 0{,}5c) =$

Übung 2 Verwandle in eine Summe und fasse so weit wie möglich zusammen.

a) $(a + 4)(a - 2) =$

b) $(p - 2q)(p + q) =$

c) $(u - 3)(-u - 7) =$

d) $(2e + 3f)(e - 4f) =$

e) $(2a - 4)(a + 6) =$

f) $\left(4 + \frac{1}{3}y\right)\left(y - \frac{1}{2}\right) =$

g) $(s - 8)(2s - 5) =$

Übung 3 Vereinfache den Term.

a) $(a + 4)(a - 2) - (a + 3)(a - 2) =$

b) $p^2 - (p - 2)(p + 1) =$

c) $(u - 3)(-u - 7) - u \cdot (3 - u) =$

d) $(2e + 3)(e - 4) + 2 \cdot (e - 1)(3 - e) =$

e) $(2a - 4)(b + 6) - 2 \cdot (a + 6)(b - 4) =$

f) $2 \cdot \left(6 + \frac{1}{3}y\right)\left(y - \frac{1}{2}\right) - \frac{2}{3}y \cdot (y + 6) =$

g) $4 \cdot (s - 8)(2s - 5) + 2 \cdot (s + 1)(4s - 1) =$

h) $(a + 1{,}5)(0{,}1 - 0{,}2a) - 0{,}2a \cdot (a + 3) =$

Übung 4 Aufgaben aus der Geometrie.

a) Gib den Flächeninhalt $A(x)$ eines Rechtecks an, wenn die Seitenlängen $5 + x$ und $7 - x$ betragen.

$A(x) =$

b) Gib den Flächeninhalt $A(x)$ eines Dreiecks an, wenn gilt: Grundseite $g = 6 + x$ und Höhe $h = 8 - 2x$.

(Formel: $A = \frac{1}{2} \cdot g \cdot h$)

$A(x) =$

Übung 5 Hier kannst du einige wichtige Formeln selbst herleiten.

a) $(a + b)^2 = (a + b)(a + b) =$

b) $(a - b)^2 = (a - b)(a - b) =$

c) $(a + b)(a - b) =$

Übung 6 Schaffst du den Salto rückwärts? Versuche paarweise auszuklammern.

a) $ax + 2x - ay - 2y = x \cdot (a + 2) - y \cdot (a + 2) = (a + 2)(x - y)$

b) $ax - bx + ay - by =$

c) $uw - 2ux + vw - 2vx =$

20 Binomische Formeln

Die wichtigsten binomischen Formeln sind:

$$(a + b)^2 = a^2 + 2ab + b^2 \qquad (a, b \in \mathbb{Q})$$
$$(a - b)^2 = a^2 - 2ab + b^2$$
$$(a + b)(a - b) = a^2 - b^2$$

Es führt kein Weg daran vorbei, sie vorwärts und rückwärts auswendig zu können.
Die linke Seite der Formeln ist ein *Produkt*, die rechte eine *Summe*.
Wenn es heißt: „Verwandle in ein Produkt", dann musst du die Formeln von rechts nach links anwenden.

Beispiele

$(2a + 3)^2 = (2a)^2 + 2 \cdot 2a \cdot 3 + 3^2 = 4a^2 + 12a + 9$
$(u - 2v)^2 = u^2 - 2 \cdot u \cdot 2v + (2v)^2 = u^2 - 4uv + 4v^2$
$(x + 10)(x - 10) = x^2 - 10^2 = x^2 - 100$
Verwandle in ein Produkt:
$x^2 - 10x + 25 = x^2 - 2 \cdot x \cdot 5 + 5^2 = (x - 5)^2$
Vereinfache:
$a^2 - (a + 2)^2 = \ldots$
Das Minuszeichen besser zunächst ausgeklammert lassen:
$\ldots = a^2 - (a^2 + 4a + 4) = a^2 - a^2 - 4a - 4 = -4a - 4$

Übung 1

Verwandle in eine Summe.

a) $(a - 2b)^2$ =
b) $(p + 11)^2$ =
c) $(3x - 8)^2$ =
d) $(-u - 1)^2$ =
e) $(3p + 8)(3p - 8)$ =
f) $(y - 4)(y + 4)$ =
g) $\left(b + \frac{2}{3}\right)\left(b - \frac{2}{3}\right)$ =

Übung 2

Vereinfache so weit wie möglich.

a) $(2b - a)^2 - (a - 2b)^2$ =
b) $(p - 11)^2 - (p + 11)^2$ =
c) $96x + 2 \cdot (3x - 8)^2$ =
d) $(u + 1)^2 - (-u - 1)^2$ =
e) $64 + (3p + 8)(3p - 8)$ =
f) $2y^2 - 2 \cdot (y - 4)(y + 4)$ =
g) $\left(b + \frac{2}{3}\right)^2 - \left(b + \frac{2}{3}\right)\left(b - \frac{2}{3}\right)$ =

Übung 3

Verwandle mithilfe der binomischen Formeln in ein Produkt, falls möglich.

a) $x^2 - 6x + 9 =$

b) $x^2 + 5x + 25 =$

c) $16x^2 + 24xy + 9y^2 =$

d) $16x^2 - 1 =$

e) $289 - y^2 =$

f) $\frac{1}{4}x^2 + \frac{1}{3}xy + \frac{1}{9}y^2 =$

g) $x^2 + x - \frac{1}{4} =$

$=$

h) $x^4 - 4y^4 =$

$=$

Übung 4

$T_1 = a + 2b$; $T_2 = a - 2b$; $T_3 = 5a + b$
Setze ein und vereinfache den Term.

a) $(T_1)^2 - T_2 \cdot T_3 =$

b) $(T_2)^2 - T_1 \cdot T_3 =$

c) $T_1 \cdot T_2 - (T_3)^2 =$

d) $(T_1 + T_2)^2 + (T_3)^2 =$

e) $(T_2)^2 - (T_3)^2 =$

f) $T_1 \cdot T_2 \cdot T_3 =$

Übung 5

Hier wird bewiesen, dass 1 = 5.
Du glaubst es nicht? Rechne nach! Falls du einen Fehler findest, streiche ihn an.

$1 = 1^2 = (3 - 2)^2 = 3^2 - 2^2 = 9 - 4 = 5$

Übung 6

Gib in der Form einer Summe einen Term $A(x)$ für den Flächeninhalt eines Quadrats an, dessen Seitenlänge $7 - x$ beträgt.

$A(x) =$

Übung 7

Berechne mithilfe der binomischen Formeln.

a) $99^2 = (100 - 1)^2 = 10\,000 - 200 + 1 = 9\,801$

b) $51^2 =$

c) $101^2 =$

d) $999^2 =$

e) $59 \cdot 61 =$

f) $99 \cdot 101 =$

Übung 8

Hier kannst du einige nützliche Formeln herleiten.

a) $(a + b + c)^2 =$

b) $(a + b - c)^2 =$

c) $(a - b - c)^2 =$

d) $(a + b)^3 = (a + b)(a + b)^2 =$

e) $(a - b)^3 = (a - b)(a - b)^2 =$

f) $(a + b)(a^2 - ab + b^2) =$

g) $(a - b)(a^2 + ab + b^2) =$

21 Binomische Formeln für Fortgeschrittene

Alle Formeln unten gelten für $a, b, c \in \mathbb{Q}$.
Für Quadrate mehrgliedriger Summenterme gilt z. B.:

$$(a + b + c)^2 = a^2 + b^2 + c^2 + 2ab + 2ac + 2bc$$
$$(a + b - c)^2 = a^2 + b^2 + c^2 + 2ab - 2ac - 2bc$$

Dabei stehen rechts die Summe aller Quadrate sowie die doppelten Produkte von je zwei Gliedern unter Berücksichtigung der Vorzeichen.

Weitere binomische Formeln sind:

$$(a + b)^3 = a^3 + 3a^2b + 3ab^2 + b^3$$
$$(a - b)^3 = a^3 - 3a^2b + 3ab^2 - b^3$$

Auch die folgenden nützlichen Formeln werden meist zusammen mit den binomischen Formeln aufgeführt:

$$(a + b)\,(a^2 - ab + b^2) = a^3 + b^3$$
$$(a - b)\,(a^2 + ab + b^2) = a^3 - b^3$$

Die linke Seite der Formeln ist ein Produkt, die rechte eine Summe. Je nach Aufgabenstellung musst du sie von links nach rechts oder umgekehrt anwenden.

Beispiele

$(x - y + 3)^2 = x^2 + y^2 + 9 - 2xy + 6x - 6y$
$(u + 2)^3 = u^3 + 6u^2 + 12u + 8$
$(x - 5)^3 = x^3 - 15x^2 + 75x - 125$
Verwandle in ein Produkt:
$y^3 + 27 = (y + 3)\,(y^2 - 3y + 9)$
$u^3 - 1 = (u - 1)\,(u^2 + u + 1)$

Übung 1

Verwandle in eine Summe.

a) $(a - 2b)^3 =$

b) $(p + 1)^3 =$

c) $(x + y + 1)^2 =$

d) $(u - v + 2w)^2 =$

e) $(p + 1)\,(p^2 - p + 1) =$

f) $(y - 2)\,(y^2 + 2y + 4) =$

g) $\left(b + \frac{2}{3}\right)^3 =$

h) $(v^2 - w^2)^3 =$

Übung 2

Verwandle in ein Produkt.

a) $a^3 - 8b^3 =$

b) $p^3 + 1 =$

c) $x^3 - 3x^2 + 3x - 1 =$

d) $u^3 + 3u^2v + 3uv^2 + v^3 =$

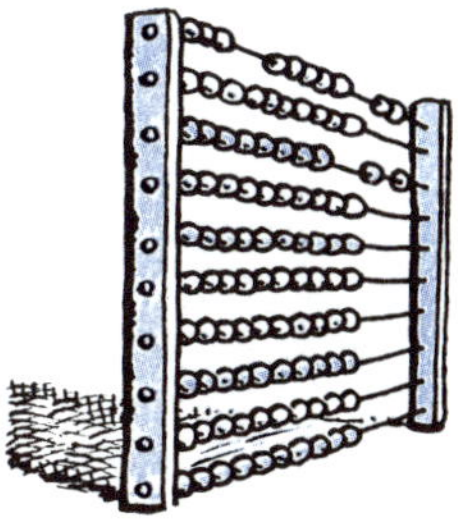

Übung 3

Vereinfache.

a) $(a - b)^3 + (a + b)^3 =$

b) $(p + 1)^3 - (p - 1)^3 =$

c) $(x - 3)^3 - (3 - x)^3 =$

Übung 4

Pascal'sches Dreieck

1
1 1
1 2 1
1 3 3 1
1 4 6 4 1
1 5 10 10 5 1

Jede Zahl – außer den Einsen – ergibt sich als Summe der beiden darüber stehenden Zahlen, z. B.: 5 = 1 + 4. Nach unten lässt sich das Pascal'sche Dreieck (benannt nach Blaise Pascal, 1623–1662) beliebig fortsetzen.

Jede Zeile enthält die Koeffizienten einer binomischen Formel $(a + b)^n$. Die vierte Zeile (1 3 3 1) enthält die Koeffizienten der Formel $(a + b)^3 = \mathbf{1}a^3 + \mathbf{3}a^2b + \mathbf{3}ab^2 + \mathbf{1}b^3$. Die fünfte Zeile enthält die Koeffizienten von $(a + b)^4$, und so fort. Die Formeln werden jeweils mit absteigenden Potenzen von a und aufsteigenden Potenzen von b gebildet.

a) $(a + b)^4 =$

b) $(a - b)^4 =$
(Du kannst in die Formel von a) $(-b)$ statt b einsetzen.)

c) $(x + 1)^4 =$

d) $(x - 2)^4 =$

Mathematiker-Witz

Ein Prüfungskandidat soll an der Tafel eine Formel herleiten. Nach einer längeren Rechnung erhält er die Formel, leider mit falschem Vorzeichen. Der Kandidat murmelt verlegen: „Es scheint, dass ich weiter oben einen kleinen Fehler gemacht habe."
Einer der Prüfer, ein Mathematiker, erwidert: „Jedenfalls muss es eine ungerade Anzahl von Fehlern gewesen sein!"

22 Gleichungen III

Übung 1

Diese einfachen Gleichungen solltest du jetzt lösen können, ohne viel überlegen zu müssen. Mache auch eine Probe.

a) $-4x + 7 = 10x - 7$ $\mathbb{L} =$

Probe: l. S.: r. S.:

b) $14x + 22 = -11x + 17$ $\mathbb{L} =$

Probe: l. S.: r. S.:

c) $16 - 19x = -11 + 5x$ $\mathbb{L} =$

Probe: l. S.: r. S.:

d) $7x - 15 = 19 - 8x$ $\mathbb{L} =$

Probe: l. S.: r. S.:

e) $10x + 22 = 22x + 10$ $\mathbb{L} =$

Probe: l. S.: r. S.:

f) $\frac{1}{5}x + \frac{1}{3} = \frac{1}{3}x - \frac{1}{5}$ $\mathbb{L} =$

Probe: l. S.: r. S.:

g) $\frac{1}{8}x + 1\frac{1}{3} = \frac{3}{4}x + \frac{1}{6}$ $\mathbb{L} =$

Probe: l. S.: r. S.:

Übung 2

Es kann der Frömmste nicht in Frieden leben, wenn … er diese Gleichungen nicht gelöst hat.

a) $(x - 1)^2 = x^2 - 2$ $\mathbb{L} =$

b) $(x + 1)(x - 1) + x + 7 = (x + 1)^2$ $\mathbb{L} =$

c) $2 \cdot (x - 4) + 9x = (x + 2)^2 - (x - 4)^2$ $\mathbb{L} =$

d) $(x - 2)(x + 2) = (x + 2)^2$ $\mathbb{L} =$

e) $4x^2 - (2x - 1)(2x + 1) = 0$ $\mathbb{L} =$

f) $2 \cdot (x - 1)(x + 1) + 2 = (x - 3)^2 + (x + 1)^2 + 3x + 5$ $\mathbb{L} =$

Übung 3

Hoffentlich fallen die quadratischen Glieder weg.

a) $x^2 - 1 + (x-1)^2 + (x-1)(x+1) = 3x^2 - 2x$ $\mathbb{L} =$

b) $(x-3)^2 = 2 \cdot (x-2)(x+2) + 1 - 6x$ $\mathbb{L} =$

c) $4 \cdot (x+2)^2 - 3 \cdot (x-1)^2 - (22x+13) = 0$ $\mathbb{L} =$

d) $(2x-1)(x+4) - (x-1)^2 + 5 = 0$ $\mathbb{L} =$

e) $\frac{1}{2} \cdot \left(x + \frac{1}{2}\right)\left(x - \frac{1}{2}\right) = \frac{1}{2} \cdot \left(x + \frac{1}{2}\right)^2 - \frac{1}{2} \cdot \left(x + \frac{1}{2}\right)$ $\mathbb{L} =$

Übung 4

Löse die Textaufgabe mit einer Gleichung.

Zur Erinnerung einige Formeln aus der Geometrie:

Flächeninhalt eines Quadrats mit Seitenlänge a: $A = a^2$

Flächeninhalt eines Rechtecks mit Seitenlängen a, b: $A = a \cdot b$

Volumen eines Würfels mit Kantenlänge a: $V = a^3$

Oberfläche eines Würfels mit Kantenlänge a: $O = 6a^2$

Volumen eines Quaders mit Kantenlängen a, b, c: $V = a \cdot b \cdot c$

a) Verlängert man die Seiten eines Quadrats um 1 cm, so wächst der Flächeninhalt um 31 cm². Das ursprüngliche Quadrat hatte einen Flächeninhalt von ______ cm².

b) Die Länge eines Rechtecks ist um 2 cm größer als seine Breite. Der Flächeninhalt ändert sich nicht, wenn man die Länge um 2 cm vergrößert und die Breite um 1 cm vermindert. Die Breite des ursprünglichen Rechtecks betrug ______ cm.

c) Vergrößert man bei einem Würfel alle Kanten um 2 cm, so nimmt die Oberfläche um 216 cm² zu. Die ursprüngliche Kantenlänge betrug ______ cm.

d) Wenn man bei einem Würfel eine Kante um 5 cm vergrößert, die zweite Kante um 5 cm verkleinert und die dritte Kante beibehält, so entsteht ein Quader, dessen Volumen um 150 cm³ kleiner als das Volumen des Würfels ist. Die ursprüngliche Kantenlänge betrug ______ cm.

23 Faktorisieren

Faktorisieren heißt in ein *Produkt* verwandeln, zum Beispiel durch Ausklammern oder durch Anwendung der binomischen Formeln. Manchmal kann man einen Faktor noch weiter faktorisieren. Dies ist gemeint, wenn es heißt: „Faktorisiere vollständig".
Warum faktorisieren? Ein Produkt ist eigentlich nicht schöner oder einfacher als eine Summe. Für manche Zwecke sind aber Produkte nützlicher. Gleichungen der Form „Produkt gleich null" sind leicht zu lösen. Bruchterme kann man nur dann kürzen, wenn im Zähler und Nenner ein Produkt steht.

Beispiele

$10a^2 + 5a = 5a \cdot (2a + 1)$
$10x^2 - 10y^2 = 10 \cdot (x^2 - y^2) = 10 \cdot (x - y)\,(x + y)$
$u^3 - 6u^2 + 9u = u \cdot (u^2 - 6u + 9) = u \cdot (u - 3)^2$

Übung 1

Klammere so viel wie möglich aus.

a) $3ax^2 + 4ax + x =$
b) $5x^3 + 15x^2 + 5x =$
c) $16a^3b - 4a^2b^2 - 16ab^3 =$
d) $1\frac{1}{3} + \frac{2}{3}x - \frac{5}{3}x^2 =$
e) $x^4y^2 - x^3y^3 - 3y^4 =$
f) $108ab - 162a + 216b =$
g) $0{,}1by - 0{,}3ay + 0{,}5y^2 =$

Übung 2

Man kann auch Summen ausklammern.

a) $3a \cdot (x^2 + 4) + b \cdot (x^2 + 4) =$
b) $5 \cdot (x + 1) - a \cdot (x + 1) =$
c) $16a^3 \cdot (b - 4) - b^2 \cdot (b - 4) =$
d) $\frac{1}{3}x \cdot (x + 2) - (x + 2) =$
e) $2 \cdot (a + b - 1) - x \cdot (a + b - 1) =$

Übung 3

Faktorisiere mit einer binomischen Formel, falls möglich.

a) $4a^2x^2 + 4ax + 1 =$
b) $x^2 + 10x + 5 =$
c) $16a^2 - 8ab + b^2 =$
d) $\frac{1}{9} - x^2 =$
e) $9a^2 - 100b^2 =$
f) $0{,}25y^2 - 1 =$
g) $20x + 25x^2 + 4 =$
$=$
h) $x^4y^4 - 2x^2y^2 + 1 =$
$=$
i) $64a^3 + 125b^3 =$
$=$

Übung 4

Kutscher, schon er die Pferde nicht und faktorisier er, was das Zeug hält!

a) $3x^2 + 12x + 12$ =

b) $5x^3 + 10x^2 + 5x$ =

c) $20a^4b^4 - 20a^2b^2 + 5$ =

d) $\frac{1}{3} + \frac{2}{3}x + \frac{1}{3}x^2$ =

e) $x^4y^2 - 2x^3y + x^2$ =

f) $x^4 - y^4$ =

g) $18x^3 - 98xy^2$ =

h) $0{,}1b - 0{,}6by + 0{,}9by^2$ =

i) $7a^2 + 7a + 1\frac{3}{4}$ =

j) $a^2 \cdot (x-1) - 2a \cdot (x-1) + x - 1$ =

k) $a^2 + b^2 + 1 + 2ab + 2a + 2b$ =

Übung 5

Manchmal kommt man durch paarweises Ausklammern weiter.

a) $3ax^2 + 3a + bx^2 + b = 3a \cdot (x^2+1) + b \cdot (x^2+1) =$
$= (3a+b)(x^2+1)$

b) $ax - ay + bx - by$ =
=

c) $4a^3b - 4a^3 - xb + x$ =
=

d) $4ay - 28by + ax - 7bx$ =
=

e) $3ay - 3a - by + b$ =
=

f) $bxy + 5xy - ab - 5a$ =
=

g) $ax^2 - x^2 + 2ay - 2y$ =
=

h) $\frac{3}{4}a - \frac{3}{4}b - ax + bx$ =
=

Übung 6

Faktorisieren durch Probieren geht über Studieren.
In der 9. Klasse lernst du, wie es ohne Probieren geht.

a) $x^2 + 5x + 6 = (x+2)(x+3)$

b) $x^2 + 15x + 50$ =

c) $a^2 - 4a + 3$ =

d) $b^2 - 4b - 5$ =

e) $y^2 + 10y + 16$ =

f) $b^2 - 18b + 32$ =

g) $x^2 - 9x + 14$ =
=

h) $0{,}1x^2 + 0{,}8x + 1{,}5$ =
=

24 Vermischte Aufgaben III

Übung 1

Vereinfache den Term. Rechne langsam und vorsichtig wie ein Kletterer ohne Seil.

a) $2b - \{5a - [18 + 3b + 8a - (3a + 5b) - 22] - 9\} =$

$=$

b) $10 \cdot \{3a - 4 \cdot [5b + 3 \cdot (a - 4b) - 8a + 2] + 7b - 5\} =$

$=$

c) $2a \cdot (a - 4) - a \cdot (7 + a) - 5 \cdot (3a - 6) - (a^2 + 3a) + 12a^2 - 4 + a =$

$=$

d) $(a + 1)(a + 2) - (a - 3)(a + 4) + 2a \cdot (3 - 4a) - (a^2 + 2a - 1) =$

$=$

e) $\frac{1}{3}a \cdot \left(a + \frac{1}{2}\right) - \frac{1}{2} \cdot \left(a^2 + \frac{1}{3}a + 4\right) - 2a \cdot \left(\frac{1}{3}a - \frac{1}{2}\right) + a^2 + \frac{1}{4} - \frac{3}{4}a =$

$=$

f) $0{,}5a \cdot (2b - 0{,}3) + 0{,}2 \cdot (3a - 4ab + 0{,}8b) - (a + 0{,}9)(b - 0{,}4) =$

$=$

g) $(2a + 1)^2 + (a - 3)(a + 3) - (a - 2)(a + 5) + 2 \cdot (a^2 + 4a - 5) =$

$=$

h) $(a + 2b)^2 + (a - 2b)^2 - (2a + b)^2 + (2a - b)(b + 2a) - (ab + b^2) =$

$=$

i) $2 \cdot (b^2 + 1)^2 - (b^4 + 8b^2) + 3 \cdot (b^2 + 1)(b^2 - 1) + (16b^2 + 12) =$

$=$

j) $(-3a)^2 - \left(\frac{1}{3}b\right)^2 + \left(\frac{1}{3}b - 1\right)\left(\frac{1}{3}b + 1\right) - (a - 2)(a + 2) =$

$=$

k) $(2a + 3)^3 - (2a - 3)^3 =$

Übung 2

Gleichung und Ungleichung, das ist wie Wetter und Unwetter, oder?

a) $(x + 1)(x - 1) > (x + 2)^2$ $\quad \mathbb{L} =$

b) $-x \cdot (-x - 7) < (x - 7)^2$ $\quad \mathbb{L} =$

c) $(x + 5)^2 > (x - 5)^2$ $\quad \mathbb{L} =$

d) $(x - 3)^2 \geqq (x - 3)(x + 2)$ $\quad \mathbb{L} =$

e) $\left(x - \frac{1}{7}\right)^2 < \left(x - \frac{1}{7}\right)\left(x + \frac{1}{7}\right)$ $\quad \mathbb{L} =$

f) $2x + 1 \neq 5$ $\quad \mathbb{L} =$

Übung 3

Und oder _oder_, das ist hier die Frage. (Lateiner wissen: $\vee$ wie „vel")

a) $x + 2 > 0 \quad \wedge \quad 2x < 2$ $\qquad \mathbb{L} =$

b) $x + 1 < 3 \quad \vee \quad 5x < -10$ $\qquad \mathbb{L} =$

c) $2x \leqq 18 \quad \vee \quad x + 1 < 1$ $\qquad \mathbb{L} =$

d) $x > 1 \quad \wedge \quad 2x + 1 < 7$ $\qquad \mathbb{L} =$

e) $-7 \leqq x + 3 \leqq 7$ $\qquad \mathbb{L} =$

f) $x + 5 < 3x < 15$ $\qquad \mathbb{L} =$

Übung 4

Löse die Textaufgabe, am besten mit einer Skizze.

Der Weg von Ahausen über Bedorf und Ceheim nach Denning am See ist 100 km lang. Bedorf liegt von Ceheim fünfmal so weit entfernt wie Bedorf von Ahausen. Ceheim liegt von Denning am See viermal so weit entfernt wie Ahausen von Bedorf.

Ahausen ist von Bedorf ______ km entfernt.

Übung 5

Kannst du die Aufgabe im Kopf lösen?

Eine Tasse Kaffee mit Schlagsahne kostet 2,80 €. Der Kaffee ohne Schlagsahne ist um genau 2 € teurer als die Schlagsahne allein. Wie viel kostet die Schlagsahne ?

Antwort: Die Schlagsahne kostet ______ Cent.

Übung 6

Nur Mut, sprach der Mameluck und zog seinen Säbel und sein Pascal'sches Dreieck.

a) $(a + b)^5 =$

b) $(a - b)^5 =$

c) $(x - 1)^5 =$

Übung 7*

Eigentlich löst man solche Gleichungen erst in der 9. Klasse, aber vielleicht schaffst du es mit Faktorisieren.

a) $x^2 + 3x + 2 = 0$ $\qquad \mathbb{L} =$

b) $x^2 - 3x - 4 = 0$ $\qquad \mathbb{L} =$

c) $x^2 - 9x + 14 = 0$ $\qquad \mathbb{L} =$

d) $x^2 + 9x - 10 = 0$ $\qquad \mathbb{L} =$

e) $x^2 + 7x + 10 = 0$ $\qquad \mathbb{L} =$

f) $x^2 - x - 2 = 0$ $\qquad \mathbb{L} =$

Hinweis

Eine Fortsetzung des Stoffes findest du im Mentor-Übungsbuch „Bruchterme und Bruchgleichungen" vom gleichen Verfasser.

Anhang

Zeichen und Abkürzungen

$\mathbb{G}$	Grundmenge
$\mathbb{L}$	Lösungsmenge
$\mathbb{N}$	Menge der natürlichen Zahlen $\{1; 2; 3; \ldots\}$
$\mathbb{N}_0$	$\{0; 1; 2; 3; \ldots\}$
$\mathbb{Z}$	Menge der ganzen Zahlen $\{0; 1; -1; 2; -2; \ldots\}$
$\mathbb{Q}$	Menge der rationalen Zahlen
$\mathbb{Q}^+$	Menge der positiven rationalen Zahlen
$\mathbb{Q}_0^+$	Menge der nichtnegativen rationalen Zahlen (zu $\mathbb{Q}^+$ kommt die Null hinzu)
$\mathbb{Q}^-$	Menge der negativen rationalen Zahlen
$\mathbb{Q}_0^-$	Menge der nichtpositiven rationalen Zahlen
$\{\}$ oder $\emptyset$	leere Menge
$\in$	… ist Element von …
$\notin$	… ist nicht Element von …
$\subseteq$	… ist Teilmenge von …
$\not\subseteq$	… ist nicht Teilmenge von …
$\cup$	… vereinigt mit …
$\cap$	… geschnitten mit …
$\setminus$	… ohne …
$\wedge$	… und zugleich …
$\vee$	… oder auch …
$\Rightarrow$	daraus folgt
(w)	wahre Aussage
(f)	falsche Aussage
] [	Intervallgrenzen

Beispiele zur Verwendung der Symbole:

$a \wedge b$	Aussage a und zugleich Aussage b
$A \cup B$	Vereinigungsmenge von A und B
$A \cap B$	Schnittmenge von A und B
$A \setminus B$	Restmenge A ohne B
$[p; q]$	$\{x \in \mathbb{Q} \mid p \leqq x \leqq q\}$
$]p; q[$	$\{x \in \mathbb{Q} \mid p < x < q\}$
$]-\infty; q[$	$\{x \in \mathbb{Q} \mid x < q\}$
$[p; +\infty[$	$\{x \in \mathbb{Q} \mid x \geqq p\}$

mentor Übungsbuch

Mathematik

7./8. Klasse

Terme, einfache Gleichungen und Ungleichungen

Hans Karl Abele

Lösungsteil

(an der Perforation heraustrennen)

Nach dem Heraustrennen bitte hier klammern

mentor
Eine Klasse besser.

6 7 1. Wiederholung: Rechnen mit rationalen Zahlen

Übung 1

a) -14 c) -12 e) 15

b) 16 d) 80 f) -10

Übung 2

a) 40 c) 160 e) $0{,}96$

b) -55 d) 2000 f) $0{,}035$

Übung 3

a) $-\frac{9}{20}$ c) $\frac{5}{8}$ e) $-1\frac{1}{6}$

b) $-\frac{19}{36}$ d) $-\frac{1}{7}$ f) $-\frac{11}{30}$

Übung 4

a) $-\frac{1}{6}$ c) $-1\frac{2}{3}$ e) 1

b) $\frac{5}{6}$ d) $-\frac{1}{6}$ f) 0

Übung 5

a) $0{,}4$ c) $0{,}4$ e) $\frac{2}{3}$

b) $-\frac{5}{11}$ d) $0{,}2$ f) $\frac{1}{14}$

Übung 6

Man teilt durch einen Bruch, indem man mit dem Kehrbruch multipliziert.

a) $-1\frac{1}{3}$ c) -3 e) $-\frac{3}{2} \cdot \frac{3}{1} = -4\frac{1}{2}$

b) $\frac{3}{4}$ d) $-\frac{1}{3}$ f) $-\frac{4}{3} \cdot \frac{3}{1} = -4$

Übung 7

a) 2 c) -10 e) -1

b) -110 d) 0 f) -2

2. Was ist ein Term?

8 9

Übung 1

b) ist ein Smiley und kein Term; c) ist eine Gleichung und kein Term; d) ist eine Menge und kein Term. Alle anderen sind Terme.

Übung 2

a) $2xyz$

b) $5ab : c$

c) $10 \cdot 2a$

d) $a(bc)$

e) $(a + b)\,yz$

f) $5 \cdot \frac{3}{4}\,xy$

Übung 3

a) $T_3 = T_2 - T_1 = c - (a + b)$

b) $T_4 = 10 \cdot T_1 = 10 \cdot (a + b)$

c) $T_5 = T_2 \cdot T_1 = c \cdot (a + b)$

d) $T_6 = (T_1 - T_2)^2 = (a + b - c)^2$

Übung 4

a) $2 \cdot (x + 3)$ Der Term ist ein Produkt. Der 1. Faktor ist 2, der 2. Faktor ist die Summe aus x und 3.

b) $(a + b) - (c - 5)$ Der Term ist eine Differenz. Der Minuend ist die Summe aus a und b, der Subtrahend ist die Differenz aus c und 5.

c) $x : (y + 1)$ Der Term ist ein Quotient. Der Dividend ist x, der Divisor ist die Summe aus y und 1.

d) $ab + c$ Der Term ist eine Summe. Der 1. Summand ist das Produkt aus a und b, der 2. Summand ist c.

Übung 5

a) Die Summe aus a und 5 wird mit der Differenz aus a und 5 multipliziert.

Term: $(a + 5)\,(a - 5)$

b) Der Term ist das Produkt der Summe aus y und z mit 100.

Term: $(y + z) \cdot 100$

c) Der Term ist ein Bruch mit dem Produkt von a und b im Zähler und der Summe von a und b im Nenner.

Term: $\frac{ab}{a + b}$

Übung 6

▼ = 0; ○ = 1; □ = 2; ▲ = 4; ● = 6; ■ = 8

18	–	8	=	10
+		–		×
24	:	6	=	4
42	–	2	=	40

10 : 11 3. Termwerte berechnen

Übung 1

a)

x	-1	$-\frac{1}{3}$	0	2	3
$T_1(x) = \lvert x-2 \rvert$	3	$2\frac{1}{3}$	2	0	1
$T_2(x) = \lvert 2-x \rvert$	3	$2\frac{1}{3}$	2	0	1

b) Da die Termwerte gleich sind, sind die Terme über $\mathbb{G}$ äquivalent .

Übung 2

a)

x	-2	-1	0	$\frac{1}{2}$	2
$T_1(x) = (-x)^2$	4	1	0	$\frac{1}{4}$	4
$T_2(x) = -x^2$	-4	-1	0	$-\frac{1}{4}$	-4

b) Die beiden Terme sind nicht äquivalent über $\mathbb{G}$.

c) Daher können Sie auch nicht über $\mathbb{Q}$ äquivalent sein.

Übung 3

a)

x	-1	0	$\frac{1}{2}$	2	3
$T_1(x) = x^2 - 4$	-3	-4	$-3\frac{3}{4}$	0	5
$T_2(x) = (x-2)(x+2)$	-3	-4	$-3\frac{3}{4}$	0	5
$T_3(x) = (x-2)^2$	9	4	$2\frac{1}{4}$	0	1

b) T_1 und T_2 sind äquivalent über $\mathbb{G}$. T_1 und T_3 sowie T_2 und T_3 sind nicht äquivalent über $\mathbb{G}$.

c) Äquivalenz von T_1 und T_2 über $\mathbb{Q}$ ist nicht ausgeschlossen. Äquivalenz von T_1 und T_3 sowie T_2 und T_3 über $\mathbb{Q}$ ist ausgeschlossen.

Übung 4

a) $T = x^2 + 1$ $\quad T_{min} = 1$ $\quad$ für $x = 0$

b) $T = \lvert x - 1 \rvert$ $\quad T_{min} = 0$ $\quad$ für $x = 1$

c) $T = x^2 - 4x + 4$ $\quad T_{min} = 0$ $\quad$ für $x = 2$

Übung 5

a) $T = -x^2 + 1$ $\quad T_{max} = 1$ $\quad$ für $x = 0$

b) $T = -2x^2 - 3$ $\quad T_{max} = -3$ $\quad$ für $x = 0$

c) $T = -x^2 + 2x + 1$ $\quad T_{max} = 2$ $\quad$ für $x = 1$

4. Produkt- und Summenterme vereinfachen

12 13

Übung 1

a) $10 \cdot a \cdot 3 \cdot b = 10 \cdot 3 \cdot a \cdot b = 30ab$

b) $x \cdot 2 \cdot (-3) \cdot y = 2 \cdot (-3) \cdot x \cdot y = -6xy$

c) $a \cdot b \cdot (-4a) = -4 \cdot a \cdot a \cdot b = -4a^2b$

d) $x^2 \cdot 5x \cdot (-2) = 5 \cdot (-2) \cdot x^2 \cdot x = -10x^3$

Übung 2

a) $2a \cdot (-3b) = -6ab$

b) $p \cdot 11pq = 11p^2q$

c) $-\frac{3}{4}u \cdot \frac{1}{2}v = -\frac{3}{8}uv$

d) $(b \cdot ab) \cdot 8 = 8ab^2$

e) $2x \cdot 5x^2 = 10x^3$

f) $0{,}5r \cdot (-3rst) = -1{,}5r^2st$

Übung 3

a) $9a^2$

b) $4x^2$

c) $\frac{1}{9}a^2$

d) a^2b^4

e) $8a^3b^3$

f) $-27x^3$

g) $\frac{4}{9}x^2$

h) $81x^4y^4$

Übung 4

a) $2a - 7a + 5a = (2 - 7 + 5) \cdot a = 0$

b) $ab - ab - 10ab = (1 - 1 - 10) \cdot ab = -10ab$

c) $-4x^2 + 11x^2 = (-4 + 11) \cdot x^2 = 7x^2$

d) $2pq - 9pq + pq = (2 - 9 + 1) \cdot pq = -6pq$

Übung 5

14 Äpfel + 12 Birnen

Übung 6

a) $2a - 3b + 7a + 5a = 2a + 7a + 5a - 3b = 14a - 3b$

b) $ab - a - 10ab + 3a = -a + 3a + ab - 10ab = 2a - 9ab$

c) $-4x^2 + 11 + x^2 - 5 = -4x^2 + x^2 + 11 - 5 = -3x^2 + 6$

d) $2pq - 9q^2 + pq - 2q^2 = 2pq + pq - 9q^2 - 2q^2 = 3pq - 11q^2$

Übung 7

$T_1 = T_2 = T_5 = T_6 = -0{,}4ab$; $T_2 = T_3 = 0$

T_1, T_2, T_5 und T_6 sind äquivalent. T_2 und T_3 sind äquivalent.

Übung 8

a) $-8a + 8ab + 3b$

b) $9x^2 + 4x + 2$

c) $-4xy + y - 4$

d) $2a$

e) $2x^4 + 5xy^3 + y^4$

f) $\frac{3}{4}a - \frac{1}{12}$

Übung 9

a) $-13ab + 12c$

b) $8x^2 - 1$

c) $a^2 - 6a + 2ab$

d) $9u - 4uv$

14 15

5. Plus- und Minusklammern auflösen

Übung 1

a) bis d) jeweils $5 + 2a - 3b + c - d$

Übung 2

a) $5 - (2a - 3b + c) - d = 5 - 2a + 3b - c - d$

b) $-(-5 + 2a - 3b) + c - d = 5 - 2a + 3b + c - d$

c) $5 + 2a - (-3b + c) - d = 5 + 2a + 3b - c - d$

d) $(5 + 2a) - 3b - (c - d) = 5 + 2a - 3b - c + d$

Übung 3

a) $4a + 3b + (6a - 10b) - (a + b) = 9a - 8b$

b) $11 - (2x - 3) + (x - 10) - (3 + x) - 1 = -2x$

c) $(u - v) - (u + v) + (2v - 3) + (u - v - 3) - u = -v - 6$

Übung 4

b) $(2a + 4b) - (a - 5c) = a + 4b + 5c$

c) $2a \cdot b - (3ab + 5b) = -ab - 5b$

d) $10x - (x + y) - (x - y) = 8x$

e) $(4e + 5f) - (1e + 2f) - (2e - 1f) = 1e + 4f$

Übung 5

a) $a - [(b + c) + (b - c) + 2a] = -a - 2b$

b) $[(x + 2y) - (3x - 5y)] - (x + y) = -3x + 6y$

c) $1{,}5u - 2v - [2{,}5v + (0{,}5u - 3v)] = u - 1{,}5v$

d) $\frac{2}{3}p + \left[\left(\frac{2}{3} - p\right) - \left(\frac{1}{6} + p\right)\right] - \frac{1}{3}p = -1\frac{2}{3}p + \frac{1}{2}$

e) $a - \{a - [a - (a - b) + (b - a)]\} + [a + (b - a)] = -a + 3b$

Übung 6

a) $T_1 - T_2 = (x^2 + 2x) - (2x - 5) = x^2 + 5$

b) $T_3 - T_1 = (3x^2 + 4) - (x^2 + 2x) = 2x^2 - 2x + 4$

c) $T_2 - T_3 = (2x - 5) - (3x^2 + 4) = -3x^2 + 2x - 9$

d) $T_1 - (T_2 + T_3) = (x^2 + 2x) - [(2x - 5) + (3x^2 + 4)] = x^2 + 2x - (3x^2 + 2x - 1) = -2x^2 + 1$

Übung 7

$T_1 = a - b - c = a - b - c$

$T_2 = a - (c + b) = a - b - c$

$T_3 = b - (a + c) = -a + b - c$

$T_4 = -c - (b - a) = a - b - c$

$T_5 = -a + (b - c) = -a + b - c$

$T_6 = -(c + a) + b = -a + b - c$

$T_1 = T_2 = T_4;\; T_3 = T_5 = T_6$

6. Ausmultiplizieren und Ausklammern

16 | 17

Übung 1

a) $3 + 4 \cdot (a - 2b) \quad = 3 + 4a - 8b$

b) $-2 \cdot (x - 2y + 3z) \quad = -2x + 4y - 6z$

c) $x + \frac{2}{3} \cdot (y - 6z) \quad = x + \frac{2}{3}y - 4z$

d) $p - 1{,}5q \cdot (q - p) \quad = p - 1{,}5q^2 + 1{,}5pq$

e) $a + (b + 2) \cdot c \quad = a + bc + 2c$

f) $ax \cdot (bx - x^2) \quad = abx^2 - ax^3$

g) $1 - u^2 \cdot (-u - 1) \quad = 1 + u^3 + u^2$

h) $34e - 17 \cdot (17 - e^2) \quad = 34e - 289 + 17e^2$

i) $\frac{2}{3}c - \frac{2}{7}c^2 \cdot \left(\frac{3}{4}d + 2e\right) = \frac{2}{3}c - \frac{3}{14}c^2d - \frac{4}{7}c^2e$

j) $0{,}4a - 0{,}5 \cdot (0{,}4b - 4c) = 0{,}4a - 0{,}2b + 2c$

k) $m^2 + m^2 \cdot (m^2 + m^3) \quad = m^2 + m^4 + m^5$

Übung 2

a) $13a - 20b$

b) $-6x - 11$

c) $-5x + 2y$

d) $-5v - 9$

e) $-34p + 4q + 20$

f) $5{,}5a - 4{,}2a^2b - 3{,}9ab^3$

Übung 3

a) $(10a + 20b) : 10 \quad = a + 2b$

b) $(3x - 6y + 12z) : 3 \quad = x - 2y + 4z$

c) $(-30u + 6v - 12w) : (-6) = 5u - v + 2w$

d) $(3p - 6p^2 + 12p^3) : (3p) = 1 - 2p + 4p^2$

e) $(-a - b + c) : (-1) \quad = a + b - c$

f) $(m + 2n - 3p) : \frac{1}{2} \quad = 2m + 4n - 6p$

Übung 4

a) $2a + 9b + 7$

b) $7x + 5y - 7$

c) $1\frac{5}{6}u + \frac{1}{2}v$

d) $-1{,}5p + 6{,}7q - 3{,}2$

e) $a^2 + 8ax - 2x^2$

Übung 5

a) $2ab + 3ac \quad = a \cdot (2b + 3c) \quad = 2ab + 3ac$

b) $10a - 5 \quad = 5 \cdot (2a - 1) \quad = 10a - 5$

c) $-x + x^2 \quad = -x \cdot (1 - x) \quad = -x + x^2$

d) $\frac{1}{2}x^2 - \frac{3}{2}y \quad = \frac{1}{2} \cdot (x^2 - 3y) \quad = \frac{1}{2}x^2 - \frac{3}{2}y$

e) $u^2 + u^3 \quad = u^2 \cdot (1 + u) \quad = u^2 + u^3$

18 19

7. Vermischte Aufgaben I

Übung 1

a)

x	-2	-1	0	$\frac{1}{2}$	1
$T_1(x) = 2x^3$	-16	-2	0	$\frac{1}{4}$	2
$T_2(x) = (2x)^3$	-64	-8	0	1	8
$T_3(x) = 8x^3$	-64	-8	0	1	8

b) und c) T_2 und T_3 sind äquivalent ; T_1 und T_2 sowie T_1 und T_3 sind nicht äquivalent über $\mathbb{G}$.

Übung 2

a) $(a + b) - (a - b) = 2b$

b) $3 \cdot (a - b) - (a + b) = 2a - 4b$

c) $2 \cdot 3 \cdot 5 = 30$

d) $1 \cdot 2 \cdot 3 \cdot 4 \cdot 5 - (1 + 2 + 3 + 4 + 5) = 105$

e) $(-2a)^3 = -8a^3$

f) $(10x + 10y) : 5 = 2x + 2y$

g) $(u + v) : 2 = \frac{1}{2}u + \frac{1}{2}v$

Übung 3

a) $-4a - 4b$

b) $-6x + x^2$

c) $6 + 3a$

d) $72x - 30y$

e) $12ab - 10xy$

f) $-6pq + 8rs$

Übung 4

a) $-\frac{1}{2}a^2 + a$

b) $2a^2 + 2a$

c) $3a^2 - 15a$

d) $-a^2 - 10a + 15$

e) $-a^2 + 4a + 5$

Übung 5

a) $x \cdot (a - 2b)$

b) $13u \cdot (1 - 2v)$

c) $-11b \cdot (a + 2c)$

d) $a \cdot (a + 1 - b)$

e) $\frac{1}{7}x \cdot (1 - 5y + 3x)$

f) $a \cdot (a^3 + a + 2b)$

Übung 6

a) $20x^3y - 15xy^2z$

b) $7a^3b^5 + 14a^4b^3c - 35\,a^2b^5c^2$

c) $6k^4l^3m - 21kl^2m^3$

d) $-10p^5q^3 + 16\,p^2q^5$

e) $3a^3c + 6a^2bc$

20 21

8. Mengen

Übung 1

a) $-1 \notin \mathbb{N}$;	$-1 \in \mathbb{Z}$;	$-1 \in \mathbb{Q}$;	$-1 \in \mathbb{Q}_0^-$
b) $\frac{1}{3} \notin \mathbb{N}$;	$\frac{1}{3} \notin \mathbb{Z}$;	$\frac{1}{3} \in \mathbb{Q}$;	$\frac{1}{3} \notin \mathbb{Q}_0^-$
c) $0 \notin \mathbb{N}$;	$0 \in \mathbb{Z}$;	$0 \in \mathbb{Q}$;	$0 \in \mathbb{Q}_0^-$
d) $1{,}5 \notin \mathbb{N}$;	$1{,}5 \notin \mathbb{Z}$;	$1{,}5 \in \mathbb{Q}$;	$1{,}5 \notin \mathbb{Q}_0^-$

Übung 2

a) $\{-1; 1\} \not\subseteq \mathbb{N}_0$;	$\{-1; 1\} \subseteq \mathbb{Z}$;	$\{-1; 1\} \subseteq \mathbb{Q}$;	$\{-1; 1\} \not\subseteq \mathbb{Q}^+$
b) $\{0; 2\} \subseteq \mathbb{N}_0$;	$\{0; 2\} \subseteq \mathbb{Z}$;	$\{0; 2\} \subseteq \mathbb{Q}$;	$\{0; 2\} \not\subseteq \mathbb{Q}^+$
c) $\left\{\frac{1}{3}; \frac{1}{2}\right\} \not\subseteq \mathbb{N}_0$;	$\left\{\frac{1}{3}; \frac{1}{2}\right\} \not\subseteq \mathbb{Z}$;	$\left\{\frac{1}{3}; \frac{1}{2}\right\} \subseteq \mathbb{Q}$;	$\left\{\frac{1}{3}; \frac{1}{2}\right\} \subseteq \mathbb{Q}^+$
d) $\mathbb{N} \subseteq \mathbb{N}_0$;	$\mathbb{N} \subseteq \mathbb{Z}$;	$\mathbb{N} \subseteq \mathbb{Q}$;	$\mathbb{N} \subseteq \mathbb{Q}^+$
e) $\mathbb{Z} \not\subseteq \mathbb{N}_0$;	$\mathbb{Z} \subseteq \mathbb{Z}$;	$\mathbb{Z} \subseteq \mathbb{Q}$;	$\mathbb{Z} \not\subseteq \mathbb{Q}^+$
f) $[-3; 0] \not\subseteq \mathbb{N}_0$;	$[-3; 0] \not\subseteq \mathbb{Z}$;	$[-3; 0] \subseteq \mathbb{Q}$;	$[-3; 0] \not\subseteq \mathbb{Q}^+$

Übung 3

a) $A \cup B = \{2; 4; 6; 7; 8; 9\}$	$A \cap B = \{8\}$	$A \setminus B = \{2; 4; 6\}$
b) $A \cup B = A$	$A \cap B = B$	$A \setminus B = \{-9; -7; -5; \ldots; -1\}$
c) $A \cup B = \{1; 3; 5; 7; 8; 9\}$	$A \cap B = \{\,\}$	$A \setminus B = A$

Übung 4

a) $[-1; 1]$

b) $]-2; 4[$

c) $[5; +\infty[$

d) $]-\infty; -2[$

Übung 5

a) $A =]-1; 3[$ $\quad B = [2; 4]$

$A \cap B = [2; 3[$ $\quad A \cup B =]-1; 4]$

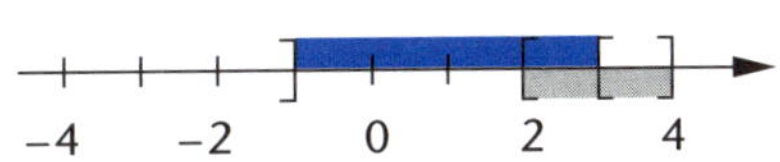

b) $A =]-\infty; -1]$ $\quad B = [-2; +\infty[$

$A \cap B = [-2; -1]$ $\quad A \cup B = \mathbb{Q}$

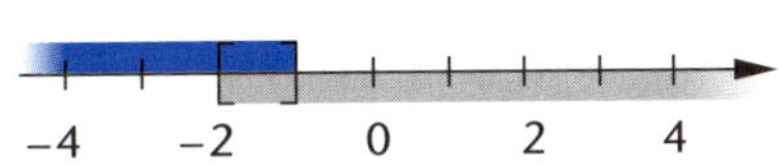

c) $A =]-3; -2]$ $\quad B = [2; 3[$

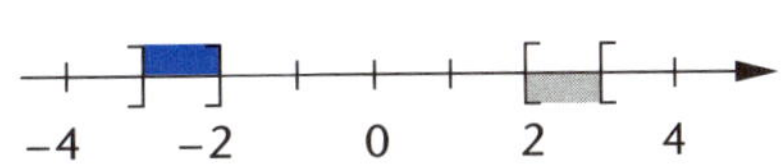

$A \cap B = \{\,\}$ $\quad A \cup B =]-3; -2] \cup [2; 3[$

Übrigens: Das Zeichen ∞ heißt „unendlich". „Unendlich" ist keine Zahl. Die Schreibweise $[2; +\infty[$ bedeutet nichts anderes als $\{x \mid x \geqq 2\}$, das heißt: die Menge aller rationalen Zahlen x mit der Eigenschaft x größer oder gleich 2.

22 23

9. Grundmenge und Lösungsmenge

Übung 1

a) $x + 1 \geqq 4$ — $\mathbb{L} = \{3; 4; 5; \ldots; 10\}$

b) $2x > 15$ — $\mathbb{L} = \{8; 9; 10\}$

c) $x - 1 < -5$ — $\mathbb{L} = \{\,\}$

d) $10 - x \leqq 5$ — $\mathbb{L} = \{5; 6; 7; 8; 9; 10\}$

e) $|x| < 2$ — $\mathbb{L} = \{1\}$

Übung 2

a) $2x = 20$ — $\mathbb{L} = \{10\}$

b) $2x = 15$ — $\mathbb{L} = \{\,\}$

c) $x + 3 = 7$ — $\mathbb{L} = \{4\}$

d) $x + 3 = 3 + x$ — $\mathbb{L} = \mathbb{N}$

e) $x + 10 = 5$ — $\mathbb{L} = \{\,\}$

Übung 3

a) $x + 2 > 10$ — $\mathbb{L} = \{9; 10; 11; \ldots\}$

b) $2x \leqq 0$ — $\mathbb{L} = \{0; -1; -2; \ldots\}$

c) $-x > x$ — $\mathbb{L} = \{-1; -2; -3; \ldots\}$

d) $x + 1 > x - 1$ — $\mathbb{L} = \mathbb{Z}$

e) $x - 2 < 0$ — $\mathbb{L} = \{1; 0; -1; -2; \ldots\}$

Übung 4

a) $x + 1 = 7{,}5$ — $\mathbb{L} = \{6{,}5\}$

b) $3x = 1$ — $\mathbb{L} = \left\{\frac{1}{3}\right\}$

c) $0 \cdot x = 0$ — $\mathbb{L} = \mathbb{Q}$

d) $-x = x$ — $\mathbb{L} = \{0\}$

Übung 5

a) $2x \geqq 10$ — $\mathbb{L} = \{x \mid x \geqq 5\} = [5; +\infty[$

b) $x + 1 < 7$ — $\mathbb{L} = \{x \mid x < 6\} =]-\infty; 6[$

c) $x + 1 < x - 1$ — $\mathbb{L} = \{\,\}$ (geht nicht)

d) $2x > 1$ — $\mathbb{L} = \{x \mid x > 0{,}5\} =]0{,}5; +\infty[$

e) $4 \leqq 2x \leqq 8$ — $\mathbb{L} = \{x \mid 2 \leqq x \leqq 4\} = [2; 4]$

10. Äquivalenzumformungen bei Gleichungen

24 25

Übung 1

a) $x - 12 = 18 \mid +12$

$x = 30 \quad \Rightarrow \quad \mathbb{L} = \{30\}$

b) $x + 7 = -3 \mid -7$

$x = -10 \quad \Rightarrow \quad \mathbb{L} = \{-10\}$

c) $x - 4 = -2 \mid +4$

$x = 2 \quad \Rightarrow \quad \mathbb{L} = \{2\}$

d) $x + 4 = 0 \mid -4$

$x = -4 \quad \Rightarrow \quad \mathbb{L} = \{-4\}$

e) $5 + x = 13 \mid -5$

$x = 8 \quad \Rightarrow \quad \mathbb{L} = \{8\}$

f) $x - 2 = -2 \mid +2$

$x = 0 \quad \Rightarrow \quad \mathbb{L} = \{0\}$

Übung 2

a) $3x = 18 \mid :3$

$x = 6 \quad \Rightarrow \quad \mathbb{L} = \{6\}$

b) $-9x = 5 \mid :(-9)$

$x = -\frac{5}{9} \quad \Rightarrow \quad \mathbb{L} = \left\{-\frac{5}{9}\right\}$

c) $\frac{3}{4}x = -6 \mid :\frac{3}{4}$

$x = -8 \quad \Rightarrow \quad \mathbb{L} = \{-8\}$

d) $-\frac{1}{4}x = -2 \mid \cdot(-4)$ oder $:\left(-\frac{1}{4}\right)$

$x = 8 \quad \Rightarrow \quad \mathbb{L} = \{8\}$

e) $10x = 0 \mid :10$

$x = 0 \quad \Rightarrow \quad \mathbb{L} = \{0\}$

f) $-0{,}25x = -0{,}5 \mid \cdot(-4)$ oder $:(-0{,}25)$

$x = 2 \quad \Rightarrow \quad \mathbb{L} = \{2\}$

Übung 3

Es heißt: Äquivalenzumformungen.

a) $5 - x = -1 \qquad \mathbb{L} = \{6\}$

b) $-\frac{2}{5}x = -4 \qquad \mathbb{L} = \{10\}$

c) $-x - 9 = -10 \qquad \mathbb{L} = \{1\}$

d) $-6x = -6 \qquad \mathbb{L} = \{1\}$

e) $10 + x = -3 \qquad \mathbb{L} = \{-13\}$

f) $x \cdot (-5) = -10 \qquad \mathbb{L} = \{2\}$

g) $13x = -26 \qquad \mathbb{L} = \{-2\}$

h) $\frac{1}{3} + x = \frac{1}{4} \qquad \mathbb{L} = \left\{-\frac{1}{12}\right\}$

i) $-x = -2 \qquad \mathbb{L} = \{2\}$

j) $x : 5 = 2 \qquad \mathbb{L} = \{10\}$

Übung 4

So ein Unsinn! Natürlich gibt es in der Mathematik keine grünen Zahlen.

a) Wenn ich eine Zahl von 5 subtrahiere, erhalte ich -2.

Gleichung: $5 - x = -2$ Die Zahl heißt: 7

b) Wenn ich eine Zahl mit 5 multipliziere, erhalte ich -2.

Gleichung: $x \cdot 5 = -2$ Die Zahl heißt: $-0{,}4$ oder $-\frac{2}{5}$

c) Wenn ich eine Zahl durch 5 dividiere, erhalte ich -2.

Gleichung: $x : 5 = -2$ Die Zahl heißt: -10

26 27

11. Gleichungen I

Übung 1

a) $11x + 5 = 16x$ $\mathbb{L} = \{1\}$ Probe: 16

b) $-3x = 6x + 9$ $\mathbb{L} = \{-1\}$ Probe: 3

c) $8x - 11 = -2x$ $\mathbb{L} = \{1{,}1\}$ Probe: $-2{,}2$

d) $-0{,}1x + 6 = 0{,}2x$ $\mathbb{L} = \{20\}$ Probe: 4

e) $\frac{1}{2}x + \frac{1}{3} = \frac{1}{6}x$ $\mathbb{L} = \{-1\}$ Probe: $-\frac{1}{6}$

f) $\frac{3}{7}x = \frac{2}{5}x - \frac{1}{5}$ $\mathbb{L} = \{-7\}$ Probe: -3

Übung 2

a) $3x + 7 = 10x - 2$ $\mathbb{L} = \left\{1\frac{2}{7}\right\}$ Probe: $10\frac{6}{7}$

b) $-2x + 8 = 13x + 5$ $\mathbb{L} = \{0{,}2\}$ Probe: 7,6

c) $-4 - 7x = -5 - 11x$ $\mathbb{L} = \{-0{,}25\}$ Probe: $-2{,}25$

d) $-5x + 10 = 11x + 2$ $\mathbb{L} = \{0{,}5\}$ Probe: 7,5

e) $0{,}4x - 2{,}1 = 1{,}6x + 0{,}3$ $\mathbb{L} = \{-2\}$ Probe: $-2{,}9$

f) $\frac{1}{3}x + 14 = 14 - \frac{1}{8}x$ $\mathbb{L} = \{0\}$ Probe: 14

g) $3x - 13 = -22 - 7x$ $\mathbb{L} = \{-0{,}9\}$ Probe: $-15{,}7$

h) $\frac{1}{8}x - 2 = \frac{1}{4}x + 4$ $\mathbb{L} = \{-48\}$ Probe: -8

Übung 3

a) $10a + 14 = -5a - 1$ $\mathbb{L} = \{-1\}$

b) $3b - 1 + 5b = -2b + 16$ $\mathbb{L} = \{1{,}7\}$

c) $2 - 3c - 7 = 9c + 1$ $\mathbb{L} = \{-0{,}5\}$

d) $4d - 1 - 5d = 3 - 2d$ $\mathbb{L} = \{4\}$

e) $\frac{1}{5}e - 7 = \frac{2}{15}e + 6 - \frac{1}{3}e$ $\mathbb{L} = \{32{,}5\}$

f) $2f + \frac{1}{3} - 5f = \frac{1}{9} - 4f$ $\mathbb{L} = \left\{-\frac{2}{9}\right\}$

g) $17g - 11 - 2g = 13 + 15g$ $\mathbb{L} = \{\,\}$

h) $4h - 5 - 2h = 3 + 2h - 8$ $\mathbb{L} = \mathbb{Q}$

Mathematiker-Witz

Für den Fall, dass du die gestellte Aufgabe zeichnerisch oder sonstwie lösen willst (war nicht verlangt):
Der Dackel holt den Briefträger in 0,001 h oder 3,6 s ein.

12. Gleichungen II

28 29

Übung 1

a) $\left\{-\frac{9}{14}\right\}$ c) $\{\,\}$ e) $\{-1\}$ g) $\{-1\}$

b) $\{1{,}25\}$ d) $\mathbb{Q}$ f) $\{2\}$ h) $\{-3{,}5\}$

Übung 2

a) $\{7{,}8\}$ c) $\left\{-\frac{2}{7}\right\}$ e) $\{6\}$ g) $\{0\}$

b) $\{3\}$ d) $\left\{-\frac{6}{7}\right\}$ f) $\{\,\}$ h) $\left\{-\frac{2}{3}\right\}$

Übung 3

a) $2 \cdot [3x - (4x - 1)] = 8x \quad | :2$
$3x - (4x - 1) = 4x$ $\mathbb{L} = \{0{,}2\}$

b) $10x - 2 \cdot [1 + 4 \cdot (x - 2)] = 0 \quad | :2$
$5x - [1 + 4 \cdot (x - 2)] = 0$ $\mathbb{L} = \{-7\}$

c) $1 - \{1 - [1 - (1 - x)]\} = 1$ $\mathbb{L} = \{1\}$

d) $\frac{1}{2} \cdot \left\{\frac{1}{2} \cdot \left[\frac{1}{2} \cdot \left(\frac{1}{2} + x\right)\right]\right\} = \frac{1}{2} \quad | \cdot 2$

$\frac{1}{2} \cdot \left[\frac{1}{2} \cdot \left(\frac{1}{2} + x\right)\right] = 1 \quad | \cdot 2$

$\frac{1}{2} \cdot \left(\frac{1}{2} + x\right) = 2 \quad | \cdot 2$

$\frac{1}{2} + x = 4 \quad | -\frac{1}{2}$

$x = 3\frac{1}{2}$ $\mathbb{L} = \left\{3\frac{1}{2}\right\}$

e) $15 - 2 \cdot [x + 3 \cdot (x + 4)] = x$ $\mathbb{L} = \{-1\}$

f) $10 \cdot [(x - 1) - (x + 1)] = -20 \quad | :10$
$(x - 1) - (x + 1) = -2$ $\mathbb{L} = \mathbb{Q}$

g) $1 - [x \cdot (x + 2) + 1] = -x^2$ $\mathbb{L} = \{0\}$

h) $x - \frac{1}{4} \cdot (2x - 5) = \frac{1}{3} \cdot \left[\frac{1}{3} \cdot (2x + 15) + \frac{1}{4} \cdot (4x - 9)\right] \quad | \cdot 3$

$3x - \frac{3}{4} \cdot (2x - 5) = \frac{1}{3} \cdot (2x + 15) + \frac{1}{4} \cdot (4x - 9) \quad | \cdot 12$

$36x - 9 \cdot (2x - 5) = 4 \cdot (2x + 15) + 3 \cdot (4x - 9)$
$36x - 18x + 45 = 8x + 60 + 12x - 27$
$18x + 45 = 20x + 33 \quad | -18x - 33$
$12 = 2x \quad | :2$
$x = 6$ $\mathbb{L} = \{6\}$

30 | 31

13. Äquivalenzumformungen bei Ungleichungen

Übung 1

a) $\mathbb{L} = \{7; 6; 5; \dots\}$
b) $\mathbb{L} = \{12; 13; 14; \dots\}$
c) $\mathbb{L} = \{-3; -2; -1; \dots\}$
d) $\mathbb{L} = \{-8; -7; -6; \dots\}$
e) $\mathbb{L} = \{-15; -14; -13; \dots\}$
f) $\mathbb{L} = \{-8; -9; -10; \dots\}$

Übung 2

a) $2x + 1 < 7$ — $\mathbb{L} = \{x \mid x < 3\}$ oder $]-\infty; 3[$

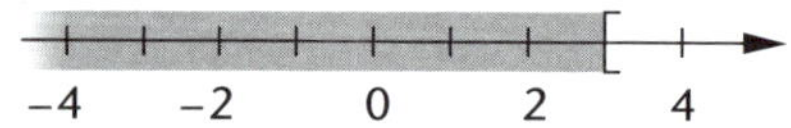

b) $-3x \geqq 0$ — $\mathbb{L} = \mathbb{Q}_0^-$

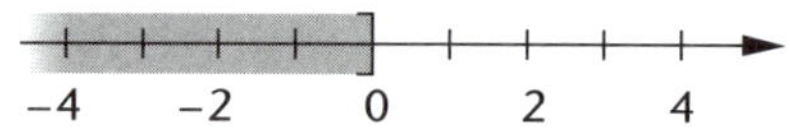

c) $4 - x < 6$ — $\mathbb{L} = \{x \mid x > -2\}$ oder $]-2; +\infty[$

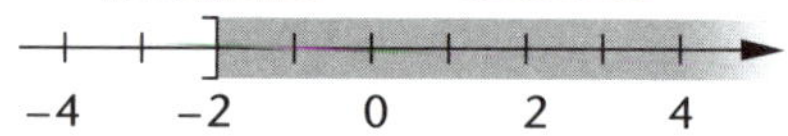

d) $6 + 2x \leqq 10$ — $\mathbb{L} = \{x \mid x \leqq 2\}$ oder $]-\infty; 2]$

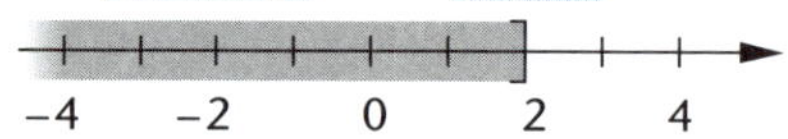

e) $2 - \frac{1}{4}x < 3$ — $\mathbb{L} = \{x \mid x > -4\}$ oder $]-4; +\infty[$

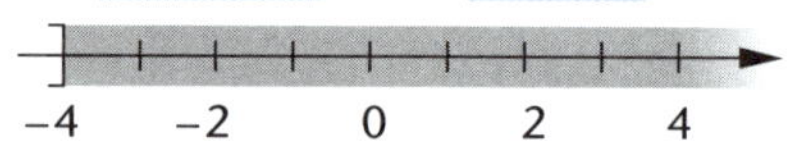

f) $-5x > 2{,}5$ — $\mathbb{L} = \{x \mid x < -0{,}5\}$ oder $]-\infty; -0{,}5[$

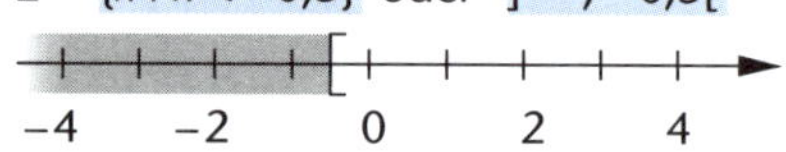

Übung 3

a) $5 - x > -1$ — $\mathbb{L} = \{x \mid x < 6\}$ oder $]-\infty; 6[$
b) $13x \geqq -26$ — $\mathbb{L} = \{x \mid x \geqq -2\}$ oder $[-2; +\infty[$
c) $-\frac{2}{5}x > -4$ — $\mathbb{L} = \{x \mid x < 10\}$ oder $]-\infty; 10[$
d) $\frac{1}{3} + x \geqq \frac{1}{4}$ — $\mathbb{L} = \left\{x \mid x \geqq -\frac{1}{12}\right\}$ oder $\left[-\frac{1}{12}; +\infty\right[$
e) $-x - 9 < -10$ — $\mathbb{L} = \{x \mid x > 1\}$ oder $]1; +\infty[$
f) $-x < -2$ — $\mathbb{L} = \{x \mid x > 2\}$ oder $]2; +\infty[$
g) $-6x < -6$ — $\mathbb{L} = \{x \mid x > 1\}$ oder $]1; +\infty[$
h) $x : 5 > 2$ — $\mathbb{L} = \{x \mid x > 10\}$ oder $]10; +\infty[$
i) $10 + x \leqq -3$ — $\mathbb{L} = \{x \mid x \leqq -13\}$ oder $]-\infty; -13]$
j) $x - 11 < -1$ — $\mathbb{L} = \{x \mid x < 10\}$ oder $]-\infty; 10[$
k) $x \cdot (-5) \leqq -10$ — $\mathbb{L} = \{x \mid x \geqq 2\}$ oder $[2; +\infty[$

Übung 4

a) $\mathbb{G} = \mathbb{Q}$: $\mathbb{L} = \{x \mid x \geqq -6\}$ oder $[-6; +\infty[$
b) $\mathbb{G} = \mathbb{N}$: $\mathbb{L} = \mathbb{N}$
c) $\mathbb{G} = \mathbb{Z}$: $\mathbb{L} = \{-6; -5; -4; \dots\}$

14. Ungleichungen

32 | 33

Übung 1

a) Stichprobe: $7 < -2$ (f) — $\mathbb{L} = \left\{x \mid x > 1\frac{2}{7}\right\}$ oder $\left]1\frac{2}{7}; +\infty\right[$

b) Stichprobe: $8 > 5$ (w) — $\mathbb{L} = \{x \mid x < 0{,}2\}$ oder $]-\infty; 0{,}2[$

c) Stichprobe: $-4 \geqq -5$ (w) — $\mathbb{L} = \{x \mid x \geqq -0{,}25\}$ oder $[-0{,}25; +\infty[$

d) Stichprobe: $10 \leqq 2$ (f) — $\mathbb{L} = \{x \mid x \geqq 0{,}5\}$ oder $[0{,}5; +\infty[$

Übung 2

a) $10a + 14 < -5a - 1$ — $\mathbb{L} = \{a \mid a < -1\}$ oder $]-\infty; -1[$

b) $3b - 1 + 5b \geqq -2b + 16$ — $\mathbb{L} = \{b \mid b \geqq 1{,}7\}$ oder $[1{,}7; +\infty[$

c) $2 - 3c - 7 \leqq 9c + 1$ — $\mathbb{L} = \{c \mid c \geqq -0{,}5\}$ oder $[-0{,}5; +\infty[$

d) $4d - 1 - 5d > 3 - 2d$ — $\mathbb{L} = \{d \mid d > 4\}$ oder $]4; +\infty[$

e) $\frac{1}{5}e - 7 \geqq \frac{2}{15}e + 6 - \frac{1}{3}e$ — $\mathbb{L} = \{e \mid e \geqq 32{,}5\}$ oder $[32{,}5; +\infty[$

f) $2f + \frac{1}{3} - 5f \leqq \frac{1}{9} - 4f$ — $\mathbb{L} = \left\{f \mid f \leqq -\frac{2}{9}\right\}$ oder $\left]-\infty; -\frac{2}{9}\right]$

g) $17g - 11 - 2g < 13 + 15g$ — $\mathbb{L} = \mathbb{Q}$

h) $4h - 5 - 2h \geqq 3 + 2h - 8$ — $\mathbb{L} = \mathbb{Q}$

Übung 3

a) $2x - (5x + 7) > 11x + 2$ — $\mathbb{L} = \left\{x \mid x < -\frac{9}{14}\right\}$ oder $\left]-\infty; -\frac{9}{14}\right[$

b) $14x - 22 \geqq 3 \cdot (2x - 4)$ — $\mathbb{L} = \{x \mid x \geqq 1{,}25\}$ oder $[1{,}25; +\infty[$

c) $2 - 6 \cdot (3x + 4) \leqq 5 - 18x$ — $\mathbb{L} = \mathbb{Q}$

d) $\frac{1}{4}x - 1 < \frac{1}{8} \cdot (2x - 8)$ — $\mathbb{L} = \{\,\}$

e) $5x - (-7x - 11) \geqq -1$ — $\mathbb{L} = \{x \mid x \geqq -1\}$ oder $[-1; +\infty[$

f) $2x - 3x - 2 \cdot (4x - 9) \leqq 0$ — $\mathbb{L} = \{x \mid x \geqq 2\}$ oder $[2; +\infty[$

g) $2x \cdot (x - 4) > 8 + 2x^2$ — $\mathbb{L} = \{x \mid x < -1\}$ oder $]-\infty; -1[$

h) $-(4 - 3x) \geqq 7x + 10$ — $\mathbb{L} = \{x \mid x \leqq -3{,}5\}$ oder $]-\infty; -3{,}5]$

Übung 4

a) $2x + 4 \cdot (3x - 7) \geqq 10x - (x - 11)$ — $\mathbb{L} = \{x \mid x \geqq 7{,}8\}$ oder $[7{,}8; +\infty[$

b) $5 \cdot (x - 3) + 4 \cdot (17 - x) < 103 - 11x - 7 \cdot (3x - 7)$ — $\mathbb{L} = \{x \mid x < 3\}$ oder $]-\infty; 3[$

c) $-7 \cdot (x - 2) - (2x + 11) \geqq 3 \cdot (4x + 3)$ — $\mathbb{L} = \left\{x \mid x \leqq -\frac{2}{7}\right\}$ oder $\left]-\infty; -\frac{2}{7}\right]$

d) $4 \cdot (1 - 3x) - 32 > 8x - 8 \cdot (2x - 3) + 5 \cdot (2x - 8)$ — $\mathbb{L} = \left\{x \mid x < -\frac{6}{7}\right\}$ oder $\left]-\infty; -\frac{6}{7}\right[$

e) $4 \cdot (18 - 5x) - 12 \cdot (3x - 7) \leqq 15 \cdot (2x - 16) - 6 \cdot (x + 14)$ — $\mathbb{L} = \{x \mid x \geqq 6\}$ oder $[6; +\infty[$

f) $14 \cdot (x - 2) - (3 - x) < 12x - (3 - 3x)$ — $\mathbb{L} = \mathbb{Q}$

g) $9 \cdot (2x - 1) + 11x \geqq 17 - (x + 26) + 4x$ — $\mathbb{L} = \mathbb{Q}_0^+$

h) $\frac{1}{2} \cdot \left(\frac{1}{3} - \frac{1}{4}x\right) + x \leqq \frac{7}{8}x - \left(\frac{1}{2}x + \frac{1}{6}\right)$ — $\mathbb{L} = \left\{x \mid x \leqq -\frac{2}{3}\right\}$ oder $\left]-\infty; -\frac{2}{3}\right]$

34 35

15. Verknüpfungen von Aussageformen

Übung 1

a) $x - 4 > -2 \;\vee\; -2x \leqq 2$

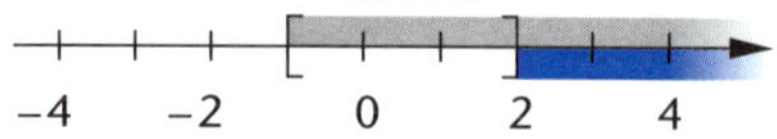

$\mathbb{L} = \{x \mid x \geqq -1\}$ oder
$\mathbb{L} = [-1; +\infty[$

b) $5x + 5 < 0 \;\vee\; 3x - 3 > 0$

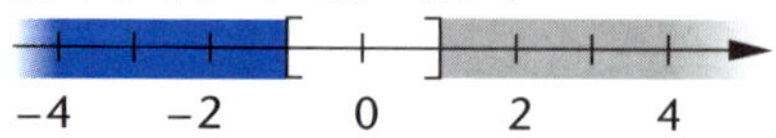

$\mathbb{L} = \{x \mid x < -1 \vee x > 1\}$ oder
$\mathbb{L} =]-\infty; -1[\cup]1; +\infty[$ oder
$\mathbb{L} = \mathbb{Q} \setminus [-1; 1]$

c) $5x - 5 \leqq 5 \;\vee\; -x < 1$

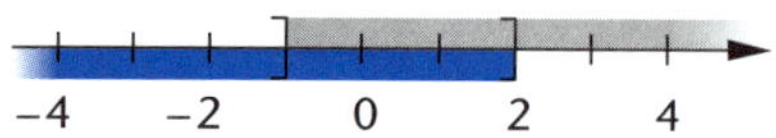

$\mathbb{L} = \mathbb{Q}$

d) $5x \geqq 0 \;\vee\; 4 - 2x < 10$

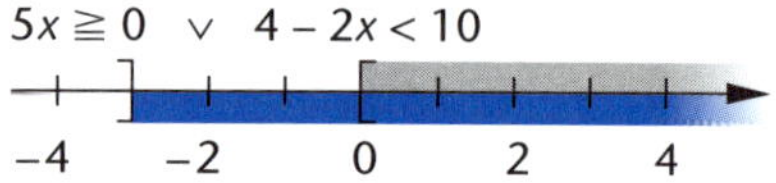

$\mathbb{L} = \{x \mid x > -3\}$ oder
$\mathbb{L} =]-3; +\infty[$

Übung 2

a) $10y - 3 < 7 \;\wedge\; 1 - 3y \leqq 10$

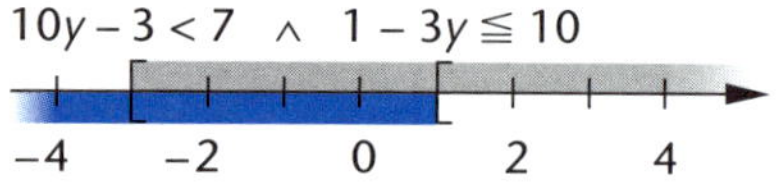

$\mathbb{L} = \{y \mid -3 \leqq y < 1\}$ oder
$\mathbb{L} = [-3; 1[$

b) $3y + 1{,}5 > 6 \;\wedge\; 0 > y + 2$

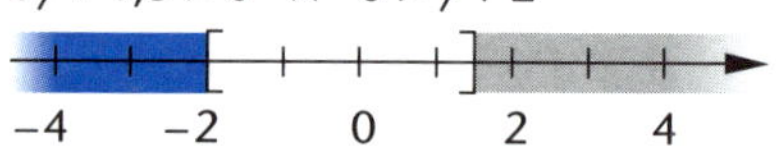

$\mathbb{L} = \{\,\}$

c) $-8 < y - 4 \;\wedge\; 10y + 2 \geqq -18$

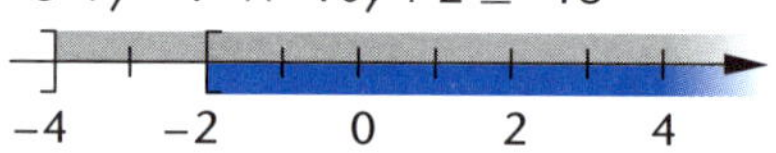

$\mathbb{L} = \{y \mid y \geqq -2\}$ oder
$\mathbb{L} = [-2; +\infty[$

d) $3y + 5 \leqq 8 \;\wedge\; 5 - 2y \leqq 3$

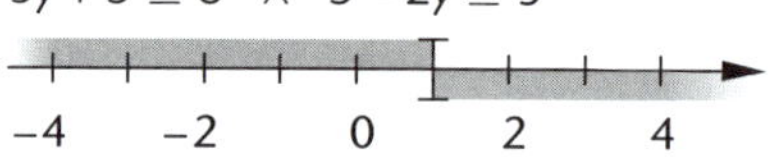

$\mathbb{L} = \{1\}$

Übung 3

a) $x \cdot (x - 5) = 0$ $\mathbb{L} = \{0; 5\}$
b) $(x - 3)\,(x + 4) = 0$ $\mathbb{L} = \{-4; 3\}$
c) $10 \cdot (x + 5) = 0$ $\mathbb{L} = \{-5\}$
d) $2x^2 = 0$ $\mathbb{L} = \{0\}$
e) $(x + 4)^2 = 0$ $\mathbb{L} = \{-4\}$
f) $x^2 \cdot (x - 4) = 0$ $\mathbb{L} = \{0; 4\}$

Übung 4

a) $-5 < 10x \leqq 3$ $\mathbb{L} = \{x \mid -0{,}5 < x \leqq 0{,}3\}$ oder
$\mathbb{L} =]-0{,}5; 0{,}3]$
b) $-4 \leqq 3 + x < 12$ $\mathbb{L} = \{x \mid -7 \leqq x < 9\}$ oder $[-7; 9[$
c) $12 + x < 5x < 6 - x$ $\mathbb{L} = \{\,\}$
d) $-1 - x \leqq -2x + 5 < 4 + 3x$ $\mathbb{L} = \{x \mid 0{,}2 < x \leqq 6\}$ oder $]0{,}2; 6]$

16. Textaufgaben I

36 37

Übung 1

a) x ist um 12 größer als y. — $x = y + 12$

b) y ist halb so groß wie x. — $y = \frac{1}{2}x$

c) Vermindert man y um 10, so erhält man x. — $y - 10 = x$

d) x und y ergeben zusammen 20. — $x + y = 20$

e) y ist dreimal so groß wie x. — $y = 3x$

f) Die Hälfte von x ist so groß wie ein Drittel von y. — $\frac{1}{2}x = \frac{1}{3}y$

g) Wenn man von 10 die Summe aus x und 3 subtrahiert, erhält man y. — $10 - (x + 3) = y$

h) Wenn man die Summe aus x und y mit 5 multipliziert, erhält man 15. — $(x + y) \cdot 5 = 15$

i) x beträgt 70% von y. — $x = 0{,}7y$

Übung 2

a) $3x + 5 = 3{,}5x \Rightarrow x = 10 \Rightarrow$ Die Zahl heißt 10.

b) $x + 7 = 2x - 8 \Rightarrow x = 15 \Rightarrow$ Die Zahl heißt 15.

c) $x + (x + 29) = 1 \Rightarrow x = -14 \Rightarrow$ Die kleinere Zahl heißt –14, die größere 15.

d) $x + (x + 2) + (x + 4) = 90 \Rightarrow x = 28 \Rightarrow$ Die Zahlen heißen 28, 30 und 32.

e) Zehnerziffer $x \Rightarrow 10x + x + 1 = 4 \cdot (x + x + 1) \Rightarrow x = 1 \Rightarrow$ Die Zahl heißt 12.

f) Zehnerziffer $x \Rightarrow (10x + 3) + 9 = 30 + x \Rightarrow x = 2 \Rightarrow$ Die Zahl heißt 23.

Übung 3

a) Jetzt: Sohn x, Vater $3x$
Vor 5 Jahren: Sohn $x - 5$
$3x = 6 \cdot (x - 5) \Rightarrow x = 10 \Rightarrow$ Der Vater ist jetzt 30, der Sohn 10 Jahre alt.

b) Mutter x, Tochter $x - 30$
$x + (x - 30) = 70 \Rightarrow x = 50 \Rightarrow$ Die Mutter ist 50, die Tochter 20 Jahre alt.

c) Heute: Neffe x, Onkel $3x$
Vor 7 Jahren: Neffe $x - 7$, Onkel $3x - 7$
$(x - 7) + (3x - 7) = 50 \Rightarrow x = 16 \Rightarrow$ Der Neffe ist jetzt 16, der Onkel 48 Jahre alt.

d) Heute: Tochter x, Mutter $3x$
In 5 Jahren: Mutter $3x + 5$
Vor 5 Jahren: Tochter $x - 5$
$3x + 5 = 5 \cdot (x - 5) \Rightarrow x = 15 \Rightarrow$ Die Mutter ist jetzt 45, die Tochter 15 Jahre alt.

e) Jetzt: Peter 36, Paul $18 + x$
Vor x Jahren: Peter $18 + x$, Paul 18
$(18 + x) + x = 36 \Rightarrow x = 9 \Rightarrow$ Paul ist jetzt 27 Jahre alt.

Aufgabe gelöst? Bravo!

38 | 39

17. Textaufgaben II

Übung 1

a) Peter erhält x €, Konrad $2x$ €, Ferdinand $3x$ €
$2x + x + 3x = 780\,000 \quad \Rightarrow \quad x = 130\,000$
Antwort:
Konrad erhält 260 000 €, Peter erhält 130 000 €, Ferdinand erhält 390 000 €.

b) Basiswinkel: x; die Basiswinkel sind gleich groß, die Winkelsumme ist 180°.
$x + x + 3x = 180° \quad \Rightarrow \quad x = 36°$

Antwort: Der Winkel an der Spitze beträgt 108°, ein Basiswinkel 36°.

c) Der Mittlere erhält x, der Älteste 110 % davon, also $1{,}1x$, der Jüngste 90 % von x, also $0{,}9x$ (in €). $\Rightarrow \quad 1{,}1x + x + 0{,}9x = 6000 \quad \Rightarrow \quad x = 2000$

Antwort: Der Älteste erhält 2200 €, der Mittlere 2000 € und der Jüngste 1800 €.

d) Es sind x Hasen und $(37 - x)$ Hühner. Hasen haben 4 Füße, Hühner 2.
$4x + 2 \cdot (37 - x) = 100 \quad \Rightarrow \quad x = 13$

Antwort: Er besitzt 13 Hasen und 24 Hühner.

e) Abu Jamal besaß x Kamele. $\quad \Rightarrow \quad \frac{1}{2}x + \frac{1}{4}x + \frac{1}{6}x + 1 = x \quad \Rightarrow \quad x = 12$

Antwort: Abu Jamal besaß 12 Kamele.

Übung 2

a)

Menge der Lösung:	100 g,	x g,	$(100 + x)$ g
Menge Zucker:	5 g,	0 g,	$0{,}02 \cdot (100 + x)$ g

$5 = 0{,}02 \cdot (100 + x) \quad \Rightarrow \quad x = 150$

Antwort: Man muss 150 g Wasser hinzufügen.

b)

Menge Wein:	100 l,	x l,	$(100 + x)$ l
Menge Alkohol:	11 l,	$0{,}12x$ l,	$0{,}114 \cdot (100 + x)$ l

$11 + 0{,}12x = 0{,}114 \cdot (100 + x) \quad \Rightarrow \quad x = 66\frac{2}{3}$

Antwort: Man muss $66\frac{2}{3}$ Liter Wein mit 12 % Alkoholgehalt hinzufügen.

c)

Menge der Legierung:	100 g,	x g,	$(100 + x)$ g
Menge Gold:	60 g,	x g,	$0{,}750 \cdot (100 + x)$ g

$60 + x = 0{,}750 \cdot (100 + x) \quad \Rightarrow \quad x = 60$

Antwort: Der Goldschmied muss 60 g reines Gold hinzufügen.

Übung 3

a) x Spiele gewonnen, $(100 - x)$ Spiele verloren.
Gesamtgewinn: $\quad 5x - 2 \cdot (100 - x) > 0 \quad \Rightarrow \quad x > 28\frac{4}{7}$

Antwort: Man muss mindestens 29-mal gewinnen.

b) 1 Cent/min = 0,60 €/h; 2 Cent/min = 1,20 €/h. Es sind jeweils x Stunden.
A < B $\quad \Rightarrow \quad 6 + 0{,}60x < 1{,}20x \quad \Rightarrow \quad x > 10$
A > C $\quad \Rightarrow \quad 6 + 0{,}60x > 30 \quad \Rightarrow \quad x > 40$

Antwort: Ab mehr als 10 Stunden ist A günstiger als B, ab mehr als 40 Stunden ist C am günstigsten.

18. Vermischte Aufgaben II

40 41

Übung 1 a) $\{0\}$ b) $\{\,\}$ c) $\mathbb{Q}$ d) $\{0\}$ e) $\{0\}$

Übung 2

a) $A \cup B = \{1; 2; 3; \ldots; 9\}$ $A \cap B = \{4; 5; 6\}$ $A \setminus B = \{1; 2; 3\}$

b) $A \cup B = [1; 9]$ $A \cap B = [4; 6]$ $A \setminus B = [1; 4[$

c) $A \cup B = \mathbb{N}$ $A \cap B = \{\,\}$ $A \setminus B = A$

d) $A \cup B = \mathbb{Z}$ $A \cap B = \mathbb{N}$ $A \setminus B = \{0; -1; -2; \ldots\}$

Übung 3

	$\mathbb{G} = \mathbb{N}$	$\mathbb{G} = \mathbb{Z}$	$\mathbb{G} = \mathbb{Q}$
a)	$\{8; 9; 10; \ldots\}$	$\{8; 9; 10; \ldots\}$	$\{x \mid x > 7\}$ oder $]7; +\infty[$
b)	$\{\,\}$	$\{-2; -3; -4; \ldots\}$	$\{x \mid x \leqq -1{,}5\}$ oder $]-\infty; -1{,}5]$
c)	$\{2; 3; 4; \ldots\}$	$\{2; 3; 4; \ldots\}$	$\left\{x \mid x > 1\frac{5}{7}\right\}$ oder $\left]1\frac{5}{7}; +\infty\right[$

Übung 4

a) $\mathbb{L} = \{-29\}$ Probe: -13

b) $\mathbb{L} = \{-18\}$ Probe: -8

c) $\mathbb{L} = \{37\}$ Probe: 575

d) $\mathbb{L} = \{6\}$ Probe: $5{,}2$

e) $\mathbb{L} = \left\{1\frac{5}{6}\right\}$ Probe: $\frac{31}{36}$

f) $\mathbb{L} = \{-13\}$ Probe: 0

g) $\mathbb{L} = \{-2{,}2\}$ Probe: $-68{,}6$

Übung 5

a) $\mathbb{L} = \{x \mid x > -2\}$ oder $]-2; +\infty[$

b) $\mathbb{L} = \{x \mid -4 \leqq x < 7\}$ oder $[-4; 7[$

c) $\mathbb{L} = \mathbb{Q}_0^-$

d) $\mathbb{L} = \{x \mid -12 \leqq x \leqq 8\}$ oder $[-12; 8]$

e) $\mathbb{L} = \{-0{,}5; 2\}$

f) $\mathbb{L} = \{0{,}3\}$

Übung 6

a) Der zweite Summand sei x.
$100 = (2 + 4x) + x + 2x \quad \Rightarrow \quad x = 14$
Antwort: Die Summanden heißen 58, 14 und 28.

b) Die kurze Seite ist x cm lang, die lange Seite $(x + 4)$ cm lang.
$2 \cdot (x + x + 4) = 60 \quad \Rightarrow \quad x = 13$
Antwort: Eine kurze Seite misst 13 cm, eine lange Seite 17 cm.

c) Es sind x teure Plätze und $(1000 - x)$ billige Plätze.
$50x + 30 \cdot (1000 - x) \geqq 42\,000 \quad \Rightarrow \quad x \geqq 600$
Antwort: Es müssen mindestens 600 Plätze zum höheren Preis verkauft werden.

d) Jeder fährt x Stunden; Weg von A + Weg von B = 400 km
$100 \cdot x + 150 \cdot x = 400 \quad \Rightarrow \quad x = 1{,}6;\quad 1{,}6\text{ h} = 1\text{ h }36\text{ min}$
Weg von A = $100 \cdot x$ km = 160 km
Antwort: Sie treffen sich nach 1 h 36 min, 160 km von Frankfurt am Main entfernt.

42 43

19. Multiplizieren von Summen

Übung 1

a) $(a+b)(c-2) = ac - 2a + bc - 2b$

b) $(p-2q)(p+1) = p^2 + p - 2pq - 2q$

c) $(u-3)(-v-7) = -uv - 7u + 3v + 21$

d) $(2e+3f)(g-4h) = 2eg - 8eh + 3fg - 12fh$

e) $(2a-4)(b+6) = 2ab + 12a - 4b - 24$

f) $\left(x+\frac{1}{3}y\right)\left(y-\frac{1}{2}\right) = xy - \frac{1}{2}x + \frac{1}{3}y^2 - \frac{1}{6}y$

g) $(s-8)(2t-5) = 2st - 5s - 16t + 40$

h) $(a+1{,}5)(0{,}1-0{,}2b+0{,}5c) = 0{,}1a - 0{,}2ab + 0{,}5ac + 0{,}15 - 0{,}3b + 0{,}75c$

Übung 2

a) $(a+4)(a-2) = a^2 + 2a - 8$

b) $(p-2q)(p+q) = p^2 - pq - 2q^2$

c) $(u-3)(-u-7) = -u^2 - 4u + 21$

d) $(2e+3f)(e-4f) = 2e^2 - 5ef - 12f^2$

e) $(2a-4)(a+6) = 2a^2 + 8a - 24$

f) $\left(4+\frac{1}{3}y\right)\left(y-\frac{1}{2}\right) = \frac{1}{3}y^2 + 3\frac{5}{6}y - 2$

g) $(s-8)(2s-5) = 2s^2 - 21s + 40$

Übung 3

a) $(a+4)(a-2) - (a+3)(a-2) = a - 2$

b) $p^2 - (p-2)(p+1) = p + 2$

c) $(u-3)(-u-7) - u \cdot (3-u) = -7u + 21$

d) $(2e+3)(e-4) + 2 \cdot (e-1)(3-e) = 3e - 18$

e) $(2a-4)(b+6) - 2 \cdot (a+6)(b-4) = 20a - 16b + 24$

f) $2 \cdot \left(6+\frac{1}{3}y\right)\left(y-\frac{1}{2}\right) - \frac{2}{3}y \cdot (y+6) = 7\frac{2}{3}y - 6$

g) $4 \cdot (s-8)(2s-5) + 2 \cdot (s+1)(4s-1) = 16s^2 - 78s + 158$

h) $(a+1{,}5)(0{,}1-0{,}2a) - 0{,}2a \cdot (a+3) = -0{,}4a^2 - 0{,}8a + 0{,}15$

Übung 4

a) $A(x) = -x^2 + 2x + 35$

b) $A(x) = -x^2 - 2x + 24$

Übung 5

a) $(a+b)^2 = (a+b)(a+b) = a^2 + 2ab + b^2$

b) $(a-b)^2 = (a-b)(a-b) = a^2 - 2ab + b^2$

c) $(a+b)(a-b) = a^2 - b^2$

Übung 6

b) $ax - bx + ay - by = x \cdot (a-b) + y \cdot (a-b) = (a-b)(x+y)$

c) $uw - 2ux + vw - 2vx = u \cdot (w-2x) + v \cdot (w-2x) = (u+v)(w-2x)$

20. Binomische Formeln

44 45

Übung 1

a) $a^2 - 4ab + 4b^2$
b) $p^2 + 22p + 121$
c) $9x^2 - 48x + 64$
d) $u^2 + 2u + 1$
e) $9p^2 - 64$
f) $y^2 - 16$
g) $b^2 - \frac{4}{9}$

Übung 2

a) 0
b) $-44p$
c) $18x^2 + 128$
d) 0
e) $9p^2$
f) 32
g) $\frac{4}{3}b + \frac{8}{9}$

Übung 3

a) $(x - 3)^2$
b) nicht möglich
c) $(4x + 3y)^2$
d) $(4x + 1)(4x - 1)$
e) $(17 + y)(17 - y)$
f) $\left(\frac{1}{2}x + \frac{1}{3}y\right)^2$
g) nicht möglich
h) $(x^2 + 2y^2)(x^2 - 2y^2)$

Übung 4

a) $-4a^2 + 13ab + 6b^2$
b) $-4a^2 - 15ab + 2b^2$
c) $-24a^2 - 10ab - 5b^2$
d) $29a^2 + 10ab + b^2$
e) $-24a^2 - 14ab + 3b^2$
f) $5a^3 + a^2b - 20ab^2 - 4b^3$

Übung 5

$1 = 1^2 = (3 - 2)^2 \neq 3^2 - 2^2 = 9 - 4 = 5$

Übung 6

$A(x) = x^2 - 14x + 49$

Übung 7

a) $99^2 = (100 - 1)^2 = 10\,000 - 200 + 1 = 9801$
b) $51^2 = (50 + 1)^2 = 2500 + 100 + 1 = 2601$
c) $101^2 = (100 + 1)^2 = 10\,000 + 200 + 1 = 10\,201$
d) $999^2 = (1000 - 1)^2 = 1\,000\,000 - 2000 + 1 = 998\,001$
e) $59 \cdot 61 = (60 - 1)(60 + 1) = 3600 - 1 = 3599$
f) $99 \cdot 101 = (100 - 1)(100 + 1) = 10\,000 - 1 = 9999$

Übung 8

a) $(a + b + c)^2 = a^2 + b^2 + c^2 + 2ab + 2ac + 2bc$
b) $(a + b - c)^2 = a^2 + b^2 + c^2 + 2ab - 2ac - 2bc$
c) $(a - b - c)^2 = a^2 + b^2 + c^2 - 2ab - 2ac + 2bc$
d) $(a + b)^3 = (a + b)(a + b)^2 = a^3 + 3a^2b + 3ab^2 + b^3$
e) $(a - b)^3 = (a - b)(a - b)^2 = a^3 - 3a^2b + 3ab^2 - b^3$
f) $(a + b)(a^2 - ab + b^2) = a^3 + b^3$
g) $(a - b)(a^2 + ab + b^2) = a^3 - b^3$

46 | 47 21. Binomische Formeln für Fortgeschrittene

Übung 1

a) $(a-2b)^3 = a^3 - 6a^2b + 12ab^2 - 8b^3$

b) $(p+1)^3 = p^3 + 3p^2 + 3p + 1$

c) $(x+y+1)^2 = x^2 + y^2 + 1 + 2xy + 2x + 2y$

d) $(u-v+2w)^2 = u^2 + v^2 + 4w^2 - 2uv + 4uw - 4vw$

e) $(p+1)(p^2-p+1) = p^3 + 1$

f) $(y-2)(y^2+2y+4) = y^3 - 8$

g) $\left(b+\frac{2}{3}\right)^3 = b^3 + 2b^2 + \frac{4}{3}b + \frac{8}{27}$

h) $(v^2-w^2)^3 = v^6 - 3v^4w^2 + 3v^2w^4 - w^6$

Übung 2

a) $a^3 - 8b^3 = (a-2b)(a^2+2ab+4b^2)$

b) $p^3 + 1 = (p+1)(p^2-p+1)$

c) $x^3 - 3x^2 + 3x - 1 = (x-1)^3$

d) $u^3 + 3u^2v + 3uv^2 + v^3 = (u+v)^3$

Übung 3

a) $(a-b)^3 + (a+b)^3 = 2a^3 + 6ab^2$

b) $(p+1)^3 - (p-1)^3 = 6p^2 + 2$

c) $(x-3)^3 - (3-x)^3 = 2x^3 - 18x^2 + 54x - 54$

Übung 4

a) $(a+b)^4 = a^4 + 4a^3b + 6a^2b^2 + 4ab^3 + b^4$

b) $(a-b)^4 = a^4 - 4a^3b + 6a^2b^2 - 4ab^3 + b^4$

c) $(x+1)^4 = x^4 + 4x^3 + 6x^2 + 4x + 1$

d) $(x-2)^4 = x^4 - 8x^3 + 24x^2 - 32x + 16$

22. Gleichungen III

48 | 49

Übung 1

a) $\mathbb{L} = \{1\}$ Probe: 3

b) $\mathbb{L} = \left\{-\frac{1}{5}\right\}$ Probe: $19\frac{1}{5}$

c) $\mathbb{L} = \left\{1\frac{1}{8}\right\}$ Probe: $-5\frac{3}{8}$

d) $\mathbb{L} = \left\{2\frac{4}{15}\right\}$ Probe: $\frac{13}{15}$

e) $\mathbb{L} = \{1\}$ Probe: 32

f) $\mathbb{L} = \{4\}$ Probe: $1\frac{2}{15}$

g) $\mathbb{L} = \left\{1\frac{13}{15}\right\}$ Probe: $1\frac{17}{30}$

Übung 2

a) $\mathbb{L} = \{1{,}5\}$

b) $\mathbb{L} = \{5\}$

c) $\mathbb{L} = \{4\}$

d) $\mathbb{L} = \{-2\}$

e) $\mathbb{L} = \{\,\}$

f) $\mathbb{L} = \{15\}$

Übung 3

a) $-1 = 0$ (f) $\mathbb{L} = \{\,\}$

b) $x^2 = 16 \Rightarrow (x-4)(x+4) = 0$ $\mathbb{L} = \{-4; 4\}$

c) $x^2 = 0$ $\mathbb{L} = \{0\}$

d) $x \cdot (x+9) = 0$ $\mathbb{L} = \{-9; 0\}$

e) $0 = 0$ (w) $\mathbb{L} = \mathbb{Q}$

Übung 4

a) $(x+1)^2 = x^2 + 31 \Rightarrow x = 15 \Rightarrow$ Seitenlänge 15 cm
Das ursprüngliche Quadrat hatte einen Flächeninhalt von 225 cm².

b) Vorher: Breite x cm, Länge $(x+2)$ cm
Nachher: Breite $(x-1)$ cm, Länge $(x+4)$ cm
$x \cdot (x+2) = (x-1)(x+4) \Rightarrow x = 4$

Die Breite des ursprünglichen Rechtecks betrug 4 cm.

c) $6 \cdot (x+2)^2 = 6x^2 + 216 \Rightarrow x = 8$

Die ursprüngliche Kantenlänge betrug 8 cm.

d) Vorher: Kantenlänge x cm
Nachher: Kantenlängen $(x+5)$ cm, $(x-5)$ cm und x cm
$(x+5)(x-5) \cdot x = x^3 - 150 \Rightarrow x = 6$

Die ursprüngliche Kantenlänge betrug 6 cm.

50 51

23. Faktorisieren

Übung 1

a) $x \cdot (3ax + 4a + 1)$

b) $5x \cdot (x^2 + 3x + 1)$

c) $4ab \cdot (4a^2 - ab - 4b^2)$

d) $\frac{1}{3} \cdot (4 + 2x - 5x^2)$

e) $y^2 \cdot (x^4 - x^3y - 3y^2)$

f) $54 \cdot (2ab - 3a + 4b)$

g) $0{,}1y \cdot (b - 3a + 5y)$

Übung 2

a) $(3a + b)(x^2 + 4)$

b) $(5 - a)(x + 1)$

c) $(16a^3 - b^2)(b - 4)$

d) $(x + 2)\left(\frac{1}{3}x - 1\right)$

e) $(a + b - 1)(2 - x)$

Übung 3

a) $(2ax + 1)^2$

b) nicht möglich

c) $(4a - b)^2$

d) $\left(\frac{1}{3} - x\right)\left(\frac{1}{3} + x\right)$

e) $(3a - 10b)(3a + 10b)$

f) $(0{,}5y - 1)(0{,}5y + 1)$

g) $(5x + 2)^2$

h) $(x^2y^2 - 1)^2$

i) $(4a + 5b)(16a^2 - 20ab + 25b^2)$

Übung 4

a) $3 \cdot (x + 2)^2$

b) $5x \cdot (x + 1)^2$

c) $5 \cdot (2a^2b^2 - 1)^2$

d) $\frac{1}{3} \cdot (1 + x)^2$

e) $x^2 \cdot (xy - 1)^2$

f) $(x - y)(x + y)(x^2 + y^2)$

g) $2x \cdot (3x - 7y)(3x + 7y)$

h) $0{,}1b \cdot (1 - 3y)^2$

i) $7 \cdot \left(a + \frac{1}{2}\right)^2$

j) $(x - 1)(a - 1)^2$

k) $(a + b + 1)^2$

Übung 5

b) $a \cdot (x - y) + b \cdot (x - y) = (a + b)(x - y)$

c) $4a^3 \cdot (b - 1) - x \cdot (b - 1) = (b - 1)(4a^3 - x)$

d) $4y \cdot (a - 7b) + x \cdot (a - 7b) =$
$= (a - 7b)(4y + x)$

e) $3a \cdot (y - 1) - b \cdot (y - 1) = (3a - b)(y - 1)$

f) $xy \cdot (b + 5) - a \cdot (b + 5) = (b + 5)(xy - a)$

g) $x^2 \cdot (a - 1) + 2y \cdot (a - 1) = (a - 1)(x^2 + 2y)$

h) $\frac{3}{4} \cdot (a - b) - x \cdot (a - b) = (a - b)\left(\frac{3}{4} - x\right)$

Übung 6

b) $(x + 5)(x + 10)$

c) $(a - 1)(a - 3)$

d) $(b - 5)(b + 1)$

e) $(y + 2)(y + 8)$

f) $(b - 2)(b - 16)$

g) $(x - 2)(x - 7)$

h) $0{,}1 \cdot (x + 3)(x + 5)$

24. Vermischte Aufgaben III

52 | 53

Übung 1

a) 5

b) $230a + 350b - 130$

c) $12a^2 - 32a + 26$

d) $-9a^2 + 6a + 15$

e) $\frac{1}{6}a^2 + \frac{1}{4}a - 1\frac{3}{4}$

f) $0{,}85a - 0{,}8ab - 0{,}74b + 0{,}36$

g) $6a^2 + 9a - 8$

h) $2a^2 - 5ab + 5b^2$

i) $4b^4 + 12b^2 + 11$

j) $8a^2 + 3$

k) $72a^2 + 54$

Alle richtig? Respekt!

Übung 2

a) $x < -\frac{5}{4}$ $\quad \mathbb{L} =]-\infty; -1{,}25[$ oder $\{x \mid x < -1{,}25\}$

b) $x < 2\frac{1}{3}$ $\quad \mathbb{L} = \left]-\infty; 2\frac{1}{3}\right[$ oder $\left\{x \mid x < 2\frac{1}{3}\right\}$

c) $x > 0$ $\quad \mathbb{L} = \mathbb{Q}^+$

d) $x \leqq 3$ $\quad \mathbb{L} =]-\infty; 3]$ oder $\{x \mid x \leqq 3\}$

e) $x > \frac{1}{7}$ $\quad \mathbb{L} = \left]\frac{1}{7}; +\infty\right[$ oder $\left\{x \mid x > \frac{1}{7}\right\}$

f) $x \neq 2$ $\quad \mathbb{L} = \mathbb{Q} \setminus \{2\}$

Übung 3

a) $\mathbb{L} =]-2; 1[$ oder $\{x \mid -2 < x < 1\}$

b) $\mathbb{L} =]-\infty; 2[$ oder $\{x \mid x < 2\}$

c) $\mathbb{L} =]-\infty; 9]$ oder $\{x \mid x \leqq 9\}$

d) $\mathbb{L} =]1; 3[$ oder $\{x \mid 1 < x < 3\}$

e) $\mathbb{L} = [-10; 4]$ oder $\{x \mid -10 \leqq x \leqq 4\}$

f) $\mathbb{L} =]2{,}5; 5[$ oder $\{x \mid 2{,}5 < x < 5\}$

Übung 4

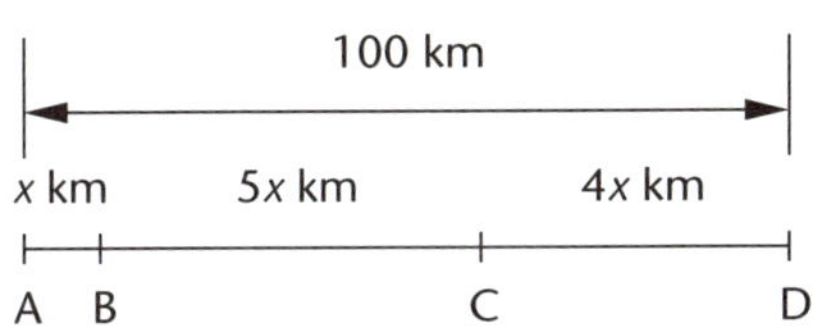

$x + 5x + 4x = 100 \Rightarrow x = 10$; Ahausen ist von Bedorf 10 km entfernt.

Übung 5

Schlagsahne: x €, Kaffee ohne Schlagsahne: $(x + 2)$ €
$x + (x + 2) = 2{,}80 \Rightarrow x = 0{,}40$
Antwort: Die Schlagsahne kostet 40 Cent.

Übung 6

a) $(a + b)^5 = a^5 + 5a^4b + 10a^3b^2 + 10a^2b^3 + 5ab^4 + b^5$

b) In der obigen Formel $(-b)$ für b einsetzen:
$(a - b)^5 = a^5 - 5a^4b + 10a^3b^2 - 10a^2b^3 + 5ab^4 - b^5$

c) $(x - 1)^5 = x^5 - 5x^4 + 10x^3 - 10x^2 + 5x - 1$

Übung 7

a) $(x + 1)(x + 2) = 0$ $\quad \mathbb{L} = \{-2; -1\}$

b) $(x - 4)(x + 1) = 0$ $\quad \mathbb{L} = \{-1; 4\}$

c) $(x - 2)(x - 7) = 0$ $\quad \mathbb{L} = \{2; 7\}$

d) $(x + 10)(x - 1) = 0$ $\quad \mathbb{L} = \{-10; 1\}$

e) $(x + 5)(x + 2) = 0$ $\quad \mathbb{L} = \{-5; -2\}$

f) $(x - 2)(x + 1) = 0$ $\quad \mathbb{L} = \{-1; 2\}$

Gleichungen gelöst? Bravo!